Für Maria und Brent

Block 4 Pasir Panjang Road
#08–33 Alexandra Distripark
Singapore 0511

Vertrieb durch
Könemann Verlagsgesellschaft mbH
Bonner Str. 126, D-50968 Köln

Gestaltung: Duet Design Pte Ltd
Reproduktion: Colour Scan Pte Ltd
Übersetzung aus dem Englischen: Uta Goridis
Satz und Lektorat: Rolf Taschen
Druck und Bindung: Tien Wah Press, Singapur

Printed in Singapore
ISBN 981-00-5342-8

Vorhergehende Seite: Nahsicht auf ein elegantes thailändisches Manuskript-Kabinett
Seiten 4 und 5: Amandari-Anlage, Bali

Tropische Architektur und Interieurs

TRADITIONSBEWUSSTES DESIGN AUS INDONESIEN · MALAYSIA · SINGAPUR · THAILAND

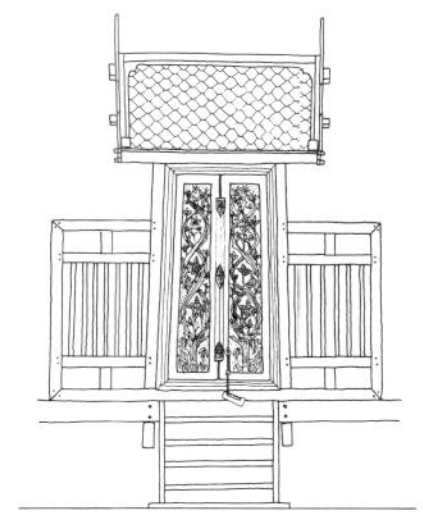

TEXT UND FOTOGRAFIE

TAN HOCK BENG

PAGE ONE PUBLISHING PTE LTD

»Am meisten respektiere ich Anfänge.

Doch ich glaube, daß das, was war, schon

immer gewesen ist, und das, was ist,

schon immer gewesen ist, und das, was sein

wird, schon immer gewesen ist.«

- Louis Kahn

Speise-Pavillon in einer Villa der Anlage von Amanpuri.

Inhalt

Meine Arbeit als Architekt macht mir großen Spaß. Aber ich verbringe auch viele, für mich äußerst wertvolle Stunden damit, andere Interessen innerhalb dieser wundervollen Disziplin zu verfolgen, die dem Leben einen perfekten Rahmen zu geben vermag. Zu ihnen gehört die Fotografie von Architektur, ein Medium, das wegen seiner formalen Möglichkeiten von vielen großen Fotografen erforscht wurde. Meiner Meinung nach gelingt eine Fotodokumentation aber nur dann, wenn der Fotograf sich für die Architektur interessiert und in der Lage ist, die Absichten des Architekten zu erkennen.

Raum und Zeit lassen sich jedoch durch das Medium der Fotografie nicht erfassen, denn Raum wird immer als Ganzes erfahren. Der ägyptische Architekt Hassan Fathy definierte Architektur als »den Raum zwischen Mauern und dem, was nicht Mauer ist.« Ein Foto kann nur die Mauern wiedergeben.

Ezra Stoller, einer der großen Meister zeitgenössischer Fotografie, erklärt: »Mein Hauptinteresse gilt der Architektur, Fotografie ist für mich nur ein Mittel, um ihre Intention zu vermitteln.« An der Architektur Südostasiens mit ihren vielen Möglichkeiten fasziniert mich vor allem die Poesie des Gebauten. Es gibt unzählige Beispiele für Bauten, die alle unsere Sinne ansprechen. Ihre architektonische Präsenz als Bauten ist der Nachhall einer tropischen Rêverie.

Das Buch verdankt sein Zustandekommen den zahlreichen Dias, die ich auf meinen Reisen in diesem weiten Gebiet gemacht habe. Der Vorrat an Bildern, Geräuschen und Gerüchen ist unerschöpflich. Besonders lebendig in Erinnerung geblieben ist mir Bali, einer der faszinierendsten Orte, die ich je gesehen habe.

Indirekt haben mich auch die wundervollen Bilder von John Thompson inspiriert, einem der größten Fotografen des 19. Jahrhunderts, berühmt durch seine intensiven Bilder des Fernen Ostens. Es ist ihm gelungen, Architektur und Szenen des täglichen Lebens mit einem Gespür für das Unmittelbare auf die Platte zu bannen, das sowohl kraftvoll wie sublim zu nennen ist.

Das Buch bietet dem Leser einen breiten Einblick in das Thema. Die Auswahl ist zwar begrenzt, da das Buch in erster Linie als illustrative Annäherung und visuelle Erklärung gedacht ist: Die Beispiele südostasiatischer Architektur wurden nicht in der Absicht zusammengetragen, einen vollständigen Architekturführer zu liefern; es sollte vielmehr eine Auswahl getroffen werden, die die einzigartige Aura der Tropen widerspiegelt – Gebäude, die Zeugnis ablegen von ihrem Standort und ihrer Zeit, die Ursprüngliches und eine poetisch interpretierte Gegenwart miteinander verbinden. Sie sollen für den Leser, der Architektur in ihrer sinnlichen Beschaffenheit entdeckt, als Katalysatoren dienen. Susan Sonntag schrieb: »Fotografien, die nicht für alles eine Erklärung liefern, sind eine ständige Herausforderung, Schlußfolgerungen zu ziehen, Spekulationen anzustellen und die Phantasie schweifen zu lassen.«

Ich befürworte weder eine nostalgische Rückkehr zu den Formen der Vergangenheit, die aus dem Fundus der Geschichte hervorgezaubert werden, noch propagiere ich das bloße Abkupfern kultureller Klischees. Ich möchte aber auch lange Debatten über die kritischen Aspekte eines authentischen Ausdrucks vermeiden, die jede überzeugende Synthese von Neuem und Alten anstrebt. Gezeigt werden vielmehr traditionelle Architektur und in der Tradition verwurzeltes Design, die die einheimische Kultur wieder beleben oder neu interpretieren und dabei die feuchtheiße Umgebung nicht außer acht lassen.

Im Deutschen gibt es einen passenden Ausdruck – das Wort »Stimmung« –, um den Charakter oder die Atmosphäre eines Ortes zu beschreiben. Es ist etwas Nicht-Greifbares, das nur in der entsprechenden Architektur zum Ausdruck kommt. Mein Bestreben ist es, die Poesie südostasiatischer Bauten einzufangen, die dieses Stimmungsmoment aufweisen. Für mich sind die Tropen weniger ein geographischer Ort als ein bestimmtes Gefühl, das nur intuitiv zu begreifen ist. Am besten läßt sich dieses Buch als der Versuch beschreiben, die Essenz dieses Gefühls herauszudestillieren

Zu diesem Zweck werden architektonische Elemente in weitgefaßte und konventionelle Kategorien eingeteilt. Es handelt sich dabei keineswegs um eine wissenschaftliche Begriffsbildung, sondern eher um eine zufällige Klassifizierung nicht reduzierbarer architketonischer Elemente in den Tropen, um einen Eindruck von der Eigenart spezifisch südostasiatischer Baukunst zu vermitteln. Es sind jedoch keine festen Größen, und sie sollten innerhalb eines Bezugssystems gesehen werden, aus dem heraus sich die Bauformen entwickelten.

Der Versuch, den atemberaubenden Schwung dieser Gebäude mit der Kamera festzuhalten, war ein schwieriges, aber doch sehr lohnendes Unterfangen. Ich kann dem Kritiker Paul Goldberger nur zustimmen, wenn er bemerkt, daß »es die Aufgabe des Fotografen ist, dem Bauwerk die Möglichkeit zu geben, für sich selbst zu sprechen.« Ich hoffe, das Buch läßt etwas von dem Vergnügen erahnen, das mir die Beschäftigung mit der Architektur dieser Region bereitete. Man kann sich der Wirkung dieser vollendeten Bauten kaum entziehen. Wie die kostbaren Artefakte aus Südostasien weisen auch sie sämtliche Vorzüge handwerklichen Könnens auf: Funktionalität, Schönheit, Ausgewogenheit und Poesie.

Tan Hock Beng
Singapur 1993

»Die Vergangenheit sollte durch die Gegenwart im selben Maße verändert werden, wie die Gegenwart durch die Vergangenheit bestimmt wird ... Gegenwart und Vergangenheit unterscheiden sich dadurch, daß die bewußt wahrgenommene Gegenwart die Vergangenheit in einem Maße wahrnimmt, wie die Vergangenheit sich selbst gar nicht wahrnehmen kann.«

- T. S. Eliot

Den tropischen Baustil gibt es nicht und hat es auch noch nie gegeben. Und die Länder der Tropen, die sich wie ein breiter Gürtel um die Mitte unseres Globus legen, haben natürlich auch keine gemeinsame kulturelle oder gesellschaftliche Basis. Der zwischen Pazifik und Indischem Ozean gelegene Erdteil Südostasien hat schon in frühester geschichtlicher Zeit sowohl durch die Praxis des Animismus wie auch durch den ständigen Kontakt mit anderen Kulturen eine eigene Identität entwickelt.

Der Begriff Südostasien, der ein Gebiet von außerordentlicher Vielfalt bezeichnet, wurde erst nach dem Zweiten Weltkrieg gebräuchlich. Man versteht darunter in einem sehr weiten geographischen Sinn die Gebiete der indochinesischen Halbinsel, die Philippinen und den großen indonesischen Archipel. Zu der indonesischen Inselwelt zählen auch Brunei, Malaysia und Singapur. Zusammen bilden sie ein Gebiet von unterschiedlichster Beschaffenheit. Dieser dichtbevölkerte Teil der Erde, in dem mehr als 300 Millionen Menschen leben, weist auch eine große Vielfalt von Bauformen auf, die im Lauf der Jahrhunderte durch fremde Einflüsse geprägt wurden.

Zwischen 600 und 400 v. Chr. gelangte die auch als Bronzezeit bekannte Dong-Son-Kultur von China nach Vietnam und breitete sich sehr schnell im übrigen Südostasien aus. Archäologen haben auf abgelegenen indonesischen Inseln großartige Bronzetrommeln und andere künstlerische Motive aus dieser Zeit gefunden, woraus sie folgerten, daß Don-Son-Wanderstämme schon sehr früh die einheimische Inselkultur Südostasiens beeinflußt hatten. Einer der größten Kunstgegenstände aus dem Gebiet – der »Mond von Pejeng« ,eine Kesseltrommel aus Bronze – stammt wahrscheinlich aus der Dong-Son-Kultur und wird in einem Dorftempel in Gianyar, Bali, aufbewahrt.

Diese Trommeln weisen kunstvoll verzierte Oberflächen auf, Darstellungen von Häusern auf Pfählen, Booten und Menschen bei der Arbeit. Andere archäologische Funde lieferten weitere Hinweise auf Kontakte zu China, die bis in die Zeit der Han-Dynastie zurückreichen, während im 6. Jahrhundert v.Chr. indische Sagen, wie die »Ramayana« und die »Mahabharata«

von frühen Kontakten zu Indien zeugen. Die in Sanskrit verfaßten Texte wurden von den Einwohnern des indonesischen Archipels übersetzt und sind seitdem eine Quelle der Inspiration für zahllose Dramen, Tänze und architektonische Schmuckelemente gewesen.

Das Eindringen der Chinesen und Inder in Südostasien war nicht die Folge von militärischen Invasionen, sondern von Handelsbeziehungen. Angelockt durch den Reichtum an Gold, Zinn, Teakholz und Gewürzen errichteten diese seefahrenden Händler ihre Stützpunkte und verbreiteten ihre Sprachen, Religionen, politischen Konzeptionen sowie ihre Bauformen. Zu den Höhepunkten asiatischer Architektur zählen die großartigen Tempel von Angkor Vat in Khmer, der massige Hindu-Tempel von Prambanan (auch Loro Jonggrang) und die edle buddhistische Stupa von Borobudur auf Zentral-Java.

Angkor Vat, ein dem Gott Vishna geweihter Hindu-Tempel, wurde Anfang des 12. Jahrhunderts erbaut. Diese fünf Jahrhunderte lang ignorierte Kultstätte ist ein Wunder an Geschlossenheit und Harmonie. Ein weiterer monumentaler Hindu-Tempel ist die Loro Djongram-Anlage, die Ende des 10. Jahrhunderts errichtet wurde und als der Tempel Javas mit den elegantesten Proportionen gilt. Borobudur, das größte buddhistische Baudenkmal der Welt, ist zweifellos eines der eindrucksvollsten, je von Menschenhand erschaffenen Monumente. Diese Megabauten lassen den mächtigen Einfluß fremder Kulturen erkennen.

In großen Teilen Südostasiens hatten Hinduismus und Buddhismus eine Monopolstellung inne, sie erwiesen sich als große Förderer der Künste und der Architektur. Backsteinbauten gehen in dieser Region häufig mit der Ausbreitung der indischen Glaubenslehren zusammen. Myanmar (Burma), Kambodscha und Thailand waren ganz unter dem Einfluß des Buddhismus. Später bildeten sich zwei Richtungen innerhalb des buddhistischen Glaubens heraus: Theravada und Mahayana.

Im 7. Jahrhundert entwickelte sich das sumatrasische Königreich von Srivijana zu einem Zentrum des Mahayana-Buddhismus. Dieser Bewegung verdanken wir eindrucksvolle Steinmandalas, Symbole eines geordneten Kosmos. Mitte des 9. Jahrhunderts prägte das hin-

Ausschnitt eines thailändischen Wandbilds, das die ummauerte Anlage eines buddhistischen Klosters zeigt.

»Schwimmender Markt« in Bangkok. Es gibt 3 000 000 km solcher Wasserwege in dem bäuerlichen Hinterland Thailands.

duistische Königreich von Mataram die Architektur Javas auf nachhaltige Weise; es war das bedeutendste Reich Zentral-Javas und stand unter dem Einfluß Indiens. Das komplexe System symbolischer Andeutungen in der Architektur war religiösen Ursprungs. Divergierende religiöse Richtungen und synchretistische Bestrebungen von großer Vitalität ließen es noch komplexer werden. Bis zu einem bestimmten Grad spiegeln sich all diese Abweichungen auch in der Architektur wider.

Inzwischen hat sich jedoch die Erkenntnis durchgesetzt, daß dem Einfluß Indiens und Chinas zuviel Gewicht beigemessen wurde. Südostasien ist nicht nur ein Anhängsel Indiens oder Chinas, obwohl seine Kunst und Architektur in dem hinduistisch-buddhistischen Weltbild wurzeln, was sich aus der unmittelbaren Nähe dieser beiden großen Kulturen erklärt. Aber es hat diese Einflüsse nicht nur passiv absorbiert. Die grundlegenden Gemeinsamkeiten südostasiatischer Gesellschaften wurden von vielen Wissenschaftlern vernachlässigt, und das zu Unrecht.

Obwohl viele Baudenkmäler auf den Traditionen indischer Baufibeln, der »Shilapashastras«, beruhen, zeigt die Geschichte der Architektur in dieser Region, daß sich auch viele eigenständige Bauformen entwickelten, die auf die landesüblichen Bambus- und Holzkonstruktionen zurückgriffen und daneben noch andere lokale Impulse aufnahmen.

Archäologische Funde beweisen, daß die ersten Stein- und Backsteinbauten den Holzkonstruktionen nachempfunden waren, und daß Südostasien seit dem neolithischen Zeitalter eigene Formen entwickelt hatte. Die einheimischen künstlerischen Traditionen, die hochentwickelt und ohne Beispiel in Indien und China waren, gingen auf ein Jahrtausende altes austronesisches Erbe zurück.

Der Historiker Daniel Hall schreibt: »... auch nach der Einführung der hinduistischen und buddhistischen Lehren bewiesen die früheren religiösen Überzeugungen und Gepflogenheiten große Vitalität, und die beiden Religionen wandelten sich grundlegend, als sie sich auf deren Terrain ausbreiteten.« Die gemeinsame Basis kaschierte also nur ein Geflecht von Ideen und wechselseitigen Einflüssen.

Innerhalb dieses allgemeinen Rahmens gibt es natürlich auch unterschiedliche gesellschaftliche und wirtschaftliche Bedingungen sowie einen ungeheuren Reichtum an künstlerischen Ausdrucksmitteln. Hinzu kommen noch die kulturellen Splittergruppen, die in einem unproblematischen Pluralismus friedlich koexistieren. In Indonesien gibt es z. B. über 350 verschiedene ethnische Gruppen, die unterschiedliche Sprachen sprechen und unterschiedliche gesellschaftliche und religiöse Strukturen aufweisen, verteilt auf 13 600 Inseln. Angesichts dieser facettenreichen, synkretistischen Gesellschaften Südostasiens wäre es irreführend, von einer nationalen Baukunst oder selbst von einem einheitlichen regionalen Stil zu sprechen.

Die verschiedenen Baustile weisen zwar große Ähnlichkeiten auf, die auf gemeinsame Ursprünge schließen lassen, doch der eigentliche gemeinsame Nenner ist das ungeteilte Interesse, das einem unveränderlichen Faktor gilt: dem generell feuchtheißen Klima. Die klimatischen Bedingungen der Tropen können sich äußerst lähmend auswirken. Griechische Philosophen nannten die tropischen Regionen sogar die »Zonen sengender Hitze« oder die »heißen Länder«; ihrer Meinung nach waren diese Breiten aufgrund ihrer Temperaturen unbewohnbar. Die ersten Besucher aus dem fernen Westen hielten die tropische Hitze für besonders ungesund. Im 18. Jahrhundert galt Batavia (während der 350 Jahre währenden Kolonialherrschaft der holländische Name für Djakarta) als der Friedhof des weißen Mannes in Südostasien.

Die Region war auch als das »Asien der Monsune« bekannt, da beinahe ganz Südostasien vom Monsunwetter beeinflußt wird. Deneben gibt es topographisch bedingte meteorologische Sondererscheinungen wie Taifune und tropische Wirbelstürme. Abgesehen davon ist das Wetter durch intensive Sonneneinstrahlung, heftige Regenfälle, stete und kräftige Winde, hohe Luftfeuchtigkeit und gleichbleibende Temperaturen gekennzeichnet. Die durch Verdunstung erzeugte Kühle wird durch eine hohe Luftfeuchtigkeit von 75% und mehr wieder wettgemacht. Die Temperaturen bewegen sich zwischen 22 und 32 Grad Celsius, ohne große, jahreszeitlich bedingte Schwankungen. Das Klima ist eindeutig einer der wichtigsten kulturellen und damit auch architektonischen Faktoren. Und es ist auch der Ursprung dieser sinnlichen Qualitäten, die

Die einheimische Subsistenzwirtschaft in Südostasien beruht seit jeher auf dem Anbau von Reis in Naßfeldern.

Balinesischer Priester beim Gebet. Glaubenslehren und Bauweisen sind in Südostasien eng miteinander verflochten.

der tropischen Architektur ihre Vitalität verleihen.

Charakteristisch für den tropischen Baustil sind breite Veranden, fließende Übergänge zwischen Innen- und Außenräumen, kühle Innenhöfe, steil emporragende, hohe Dächer mit starken Vorsprüngen und ausladenden Überkragungen, Berücksichtigung von Schatten und Luftbewegung und eine Vorliebe für Holz. Die Verwendung von Holz als Baumaterial bietet sich an, da es im Überfluß vorhanden und am Ort verfügbar ist, nur wenig Wärme speichert und deshalb nur wenig Wärme abgibt. Auch Bambus wird häufig beim Hausbau verwandt; er läßt sich überall beschaffen und einfach ersetzen. Nachteilig sind nur seine kurze Lebensdauer und der schwankende Feuchtigkeitsgehalt.

Leichte, halbdurchlässige Wände waren für diesen Teil der Welt schon immer charakteristisch. Ihre Aufgabe ist es, für einen maximalen Austausch zwischen Innen- und Außenraum zu sorgen. Statt die Einflüsse des Wetters zu eliminieren und die Bewohner von ihrer Umgebung zu isolieren, wird die Außenwelt durch ein System von Öffnungen, bei dem statt Fenstern Holzjalousien verwandt werden, nach innen gefiltert. Auf diese Weise ermöglichen die Gebäude einen direkten Kontakt mit der üppigen Landschaft. Das physische Wohlbefinden wird durch luftiges Gitterwerk noch verstärkt. Hohe Decken sorgen dafür, daß der Luftstrom frei zirkuliert. All diese Annehmlichkeiten stimulieren das kollektive Gedächtnis.

Neben den religiösen Symbolen sind auf den wundervollen Flachreliefen von Angkhor spitzgieblige Holzhäuser auf hohen Stelzen abgebildet, ein Beweis für die weit zurückliegenden Ursprünge dieser speziellen Bauform. Wie man inzwischen herausgefunden hat, waren diese auf ungefähr zwei Meter hohen Pfählen erbauten Holzhäuser in ganz Südostasien verbreitetet. Eine Ausnahme bildeten die Küste Vietnams, der Osten Javas, Bali und West-Lombok. Warum es in diesen Gebieten keine Pfahlbauten gab, müßte genauer untersucht werden. Im allgemeinen wird der indische Einfluß auf Bali und Lombok dafür verantwortlich gemacht.

Auf Pfählen erbaute Wohnstätten schützen die Bewohner vor Überflutungen, sorgen für Bodenbelüftung und ermöglichen es, unterhalb des Wohnraums, Dinge zu lagern und Tiere zu halten. Diese aus einheimischen Materialien wie Teak und Bambus erbauten Häuser mit ihren steilen, spitzgiebligen Dächern waren das Produkt einheimischer Handwerker und Künstler.

Viele Architekten, die heutzutage in dieser Region bauen, scheinen vergessen zu haben, wie sich Klima und Landschaft einbeziehen lassen. Sie sind die Opfer nivellierender Massenmedien und reproduzieren die mittelmäßigen Entwürfe eines internationalen Stils. In einem Auftrag sehen sie nur noch eine Gelegenheit, sich selbst zu profilieren und verschwenden dabei keine weiteren Gedanken an Erinnerung und Kontinuität.

Diese Schauarchitektur und stilistische Maskerade bewirkte, daß von den Tropen bis zu den Polen dieselben Häuser gebaut werden, eine Entwicklung , die besonders in rasch wachsenden Städten wie Bangkok zu beobachten ist, wo der westliche Neoklassizimus völlig unreflektiert übernommen wird.

All diese importierten Scheußlichkeiten und eklektizistischen Extravaganzen wird man in den Entwürfen der großen Architekten nicht finden. Sie haben sich von dem langweiligen Funktionalismus des Internationalen Stils losgesagt, der ohne Rücksicht auf örtliche Gegebenheiten eine gleichförmige Architektur durchzusetzen versucht. Diese Architekten wissen, daß sie in einer zeitlich und räumlich definierten Umgebung arbeiten. Und das Resultat ist ein architektonisches Ganzes, das sich in seine Umgebung einfügt, eine raffinierte Sinnlichkeit ausstrahlt und ein sicheres Gespür für den Ort beweist. Die Phantasie wird über die Sinne angesprochen, über die Augen, die Nase, den Tastsinn. Für eine Architektur, die sich auf Umgebung und Kontext konzentriert, wird die Quelle der Inspiration immer das Land sein – es ist eine Architektur des »Ortes«.

In diesem Band wird dieses heitere, hochgestimmte Lebensgefühl zelebriert und all die Möglichkeiten, die eine so traumhaft schöne Umgebung bietet. Der vitale Charakter der Bauten ergibt sich aus dem Gleichklang von Tradition und Innovation, während die Ästhetik Material und Methoden zur Geltung bringt. Vor allem aber drückt sich in dieser Architektur der Geist des Ortes aus und ein Verständnis für die Werte der alten Kulturen. Es ist schon ein Vergnügen, nur in diesem Buch zu blättern.

Mädchen auf Bali: kunstvolle Kostüme, elegante Bewegungen. Dieses Buch ist eine Hommage an den festlich-heiteren Lebensstil Südostasiens.

Charakteristische Dachformen traditioneller thailändischer Wohnbauten.

Bildsymbolik

»Die wahre Grundlage eines ernsthaften Studiums der Architektur liegt in den eher bescheidenen Bauwerken regionaler Traditionen überall auf der Welt. Ihre Funktionen sind gründlich bedacht und in einem sicheren Gefühl für die Natur ausgeführt. Die Ergebnisse sind oft sehr schön und immer instinktiv.«

- Frank Lloyd Wright

Traditionelle Formen als Fundus für zeitgenössisches Design – darüber wurde in den letzten Jahren viel gesprochen, vor allem in den Ländern der Dritten Welt, wo das Thema besonders aktuell war. Konfrontiert mit der selbstherrlichen Ästhetik der Postmoderne und dem nivellierenden Universalismus der Moderne haben sich diese im Aufbruch begriffenen Länder auf ihre eigenen Bauformen als Ausdruck ihrer Identität besonnen. Hinter der überwältigenden Vielfalt von Traditionen verbarg sich ein Schatz an Geschichte, Mythen und Symbolen, der nur gehoben werden mußte.

Während der postkolonialen Ära, in der die jungen Nationen globale Uniformität und westliche Technologie auf ihr Banner geschrieben hatten, wurden die Bemühungen, die eigene Tradition zu erhalten, weitgehend ignoriert. Die sogenannten progressiven, ausdruckslosen Formen wurden in Bausch und Bogen von den an westlichen Universitäten ausgebildeten Profis übernommen. Die ländlichen Traditionen galten als »bäurisch« und waren gleichbedeutend mit Rückständigkeit und Provinzialität

Heute jedoch steht die ideologische Suche nach den nationalen Wurzeln im Mittelpunkt der Debatte. Regionalismus wird als Gegengewicht zu dem globalen Anspruch der modernen Architektur und als Ausdruck der eigenen Identität betrachtet. In Südostasien haben viele Architekten mit ganz unterschiedlichen Überzeugungen das Bedürfnis verspürt,

In den riesigen Ruinen der alten Tempelanlagen im Norden Thailands gibt es immer noch viel zu entdecken und zu bewundern.

Die Ruinen der religiösen Bauwerke von Si Satchanalai und Sukhothai im Norden Thailands lassen die Einflüsse vieler Kulturen erkennen, wie der Mon, der Singhalesen und der Khmer.

sich auf die bislang vernachlässigte eigene Kultur zu besinnen und in ihren Entwürfen eine nationale oder auch nur regionale Eigenart auszudrücken.

»Einheimische Architektur« ist ein häufig gebrauchter, aber meistens mißverstandener Begriff in diesen Breiten. Einheimische Strukturen oder »Architektur ohne Architekten« sind geeignet, architektonisches Grundwissen zu vermitteln. Die altbewährten Wohnstätten der Einheimischen wurden ausnahmslos von ortsansässigen Handwerkern mit den ortsüblichen Methoden und den vorhandenen Materialien gebaut; sie spiegeln kollektives Wissen und eine kollektive Bilderwelt wider und sind Ausdruck der kosmologischen und religiösen Vorstellungen, der gesellschaftlichen und politischen Strukturen, der Wahrnehmung von Zeit und Raum. Ihre Formen und Proportionen, das handwerkliche Können und die Dekorationen haben immer auch eine symbolische Bedeutung.

Wissenschaftler und Anthropologen haben sich intensiv mit einheimischen Bauformen beschäftigt. Paul Oliver, Gaston Bachelard, Martin Heidegger, Amos Rapoport und Roxana Waterson verdanken wir viele neue Einsichten, was einheimische Strukturen betrifft. Volkskunst ist für Rapoport »die direkte und unbefangene Umsetzung in die physischen Formen einer Kultur, seine Bedürfnisse und Werte sowie die Träume und Leidenschaften eines Volkes... Volkskunst steht der Kultur der Mehrheit und dem täglichen Leben sehr viel näher als die große Baukunst, die die Kultur der Elite verkörpert.«

In den letzten Jahren entstanden in Südostasien immer mehr Bauwerke, die auf das kulturelle Erbe und die lokalen Gegebenheiten verweisen. Sie versuchen, die vitale Verbindung, die früher zwischen Architektur und Vergangenheit bestand, wiederherzustellen. Manchen Architekten gelang es, die einheimischen Traditionen wiederzubeleben, während andere sich mit ländlichen Idyllen begnügten.

Zu den positiven Aspekten dieses Trends gehört, daß Länder, die einem raschen Wandel unterliegen, auf das kreative Potential vorhandener Elemente zurückgreifen können. Negativ dabei ist die Tatsache, daß viele Architekten sich damit begnügen, die alten Formen sklavisch zu kopieren, und die traditionellen Symbole zu bloßem Zierat degradieren. In einer Konsumgesellschaft führt diese nostalgische Aneignung pittoresker Überbleibsel gewöhnlich zu einer bloßen Reproduktion kultureller Klischees. Eine so ober-

Traditionelle thailändische Wohnhäuser werden auf Pfosten gebaut, um die Bewohner vor Überschwemmungen und Ungeziefer zu schützen. Diese Konstruktion ist ein Beispiel für eine von der Shan-Kultur beeinflußte Architektur.

Satteldächer der Torajas im Hochland der südwestlichen Halbinsel Sulawesi, Indonesien.

flächliche Nachahmung zeugt von regressiver Sentimentalität, und was dieser falsch verstandene Historizismus hervorbringt, wird immer Stückwerk bleiben.

Regionalismus kann als der Versuch bezeichnet werden, in einer bestimmten Tradition den Bezug zu Klima und Umgebung aufzudecken und aus den formalen und symbolischen Charakteristika neue Formen zu entwickeln, die mit unserer Realität und allgemein menschlichen Werten in Einklang stehen. Nur wenn wir unser Erbe als etwas betrachten, was sich ständig weiterentwikkelt, können wir zwischen regionaler und internationaler Identität ein Gleichgewicht herstellen. Die Architekten müssen entscheiden, welche Prinzipien für unsere Zeit taugen und wie sie mit den Anforderungen des modernen Wohnungsbaus und den aktuellen Baumethoden in Einklang gebracht werden können.

Ihre Antworten sind entscheidend. Was von den alten Traditionen soll übernommen, was verworfen werden? Statt Altes und Neues als unvereinbare Gegensätze zu betrachten, sollte man in dem einen eine Ergänzung des anderen sehen.

Das Wort »Tradition« leitet sich von dem lateinischen Verb »trado – transdo« ab, was »weitergeben« oder »einen Besitz übertragen« bedeutet. Es wird also sowohl in der Bedeutung von »bewahren« als auch von »weitergeben« gebraucht.

Das erinnert an T.S. Eliots Theorie von der Beziehung zwischen Traditionellem und Neuem, die er 1919 in einem berühmten Essay entwickelte. Auch wenn Eliot sich auf Literatur und speziell auf Dichtung bezog, als er den Zusammenhang zwischen Zitat und Neuschöpfung herausarbeitete, läßt sich seine Theorie auch auf Architektur anwenden. Für Eliot beinhaltet ein echtes Gefühl für Tradition sowohl ein Gefühl für das Zeitlose als auch für das Temporäre. »Tradition ... kann nicht ererbt werden, wer sie besitzen will, muß sie sich erarbeiten. Vor allem erfordert sie ein Gefühl für Geschichte, ... und das wiederum erfordert nicht nur die Wahrnehmung der Vergangenheit als etwas Vergangenes, sondern auch als etwas Gegenwärtiges ... Die Vergangenheit sollte durch die Gegenwart im selben Maße verändert werden, wie die Gegenwart durch die Vergangenheit bestimmt wird ... Gegenwart und Vergangenheit unterscheiden sich dadurch, daß die bewußt wahrgenommene Gegenwart die Vergangenheit in einem Maße wahrnimmt, wie die Vergangenheit sich selbst gar nicht wahrnehmen kann.«

In einem Meer konventioneller Architektur gibt es Architekten, die nicht gewillt sind, die einheimischen Traditionen den modernen Bestrebungen zu opfern. Die Bauten bedeutender Regionalisten, die an ganz

Die Stupas der oberen Terrassen von Borobudur, die die kosmische Weltsicht des Pilgers darstellen. Eine Architektur, die den Intellekt anspricht.

Besonders auffällig: die »meru« Pagode auf Bali, ein Baustil, der wahrscheinlich im 14. Jh. aus Java eingeführt wurde.

Ein Tempelhof in Bersakih, Bali.

unterschiedlichen Orten entstanden sind, lassen eine enge Zusammenarbeit zwischen den Architekten und den einheimischen Handwerkern erkennen. Der verstorbene mexikanische Dichter und Architekt Luis Barragán verband modernes Design mit sinnlicher Architektur, die laut Ambasz in dem »erlösenden Dienst der Schönheit« steht. Hassan Fathy ließ sich von den ländlichen Traditionen Ägyptens inspirieren, während Geoffrey Bawa – schon etwas näher an Südostasien – Sri Lankas ländliche Bauweise und andere südostasiatische Prototypen auf sehr einfühlsame Weise kombinierte, um Bauwerke von großer Eloquenz und poetischer Ausdruckskraft zu schaffen. Der australische Architekt Peter Muller hat in Südostasien Einfaches und Komplexes miteinander verwoben, um in dem Ort Amandari auf Bali eine faszinierende Anlage zu erbauen. Für das Land typische Details wurden auf sensible, schlüssige und intelligente Weise integriert.

Dasselbe gilt auch für das von Wija Wawo Runtus am Strand von Sanur erbaute Tanjung-Sari-Hotel; seine traditionellen, in der Kultur Balis wurzelnden Elemente treten auf gebündelte Weise in Erscheinung. In diesem Hotel, das in zwei Abschnitten, 1961 und 1978, fertiggestellt wurde, hat Runtu alten Wahrheiten neues Leben eingehaucht und gleichzeitig das Regionale salonfähig gemacht. Der Rückgriff auf die traditionelle thailändische Bauweise ermöglichte es Ed Tuttle, den Ferienort Amanpuri auf Phuket mit viel Fantasie und Einfühlungsvermögen zu gestalten.

In Malaysia verdienen das Tanjong-Jara-Strandhotel und das Rantau-Abang-Besucherzentrum erwähnt zu werden, da es den Architekten gelungen ist, traditionelle Formen und Materialien so einzusetzen, daß sie die alte malaiische Baukunst in ihrer Essenz widerspiegeln.

Die bemerkenswerte, von dem malaysischen Architekten Jimmy Lim entworfene Häuserserie mit ihren interessanten Abwandlungen zeugt von seinem aufrichtigen Bemühen um regionale Ausdruckweisen und Formen, die sich in den Kontext des Landes einfügen. Er ist überzeugt, daß »Architektur in Malaysia sich aus ihrer Umgebung, dem Lebensstil, dem Klima und all dem, was wir sind und was uns ausmacht, entwickeln muß. Dabei sollte man sich auf Dinge konzentrieren, die in erster Linie praktisch sind, die mit ihrer Umgebung und dem Klima in Einklang stehen und die im Hinblick auf das verwandte Material ›traditionell‹ zu nennen sind – dann werden sich die Menschen, die Malaysier, auch damit identifizieren.« Die Bedeutung der einzigartigen Architektur Lims gründet in seiner einfühlsamen Interpretation traditioneller Formen. Auch das von ihm entworfene Precima-Haus in Bangsar und das Eu-Haus in Damansara spiegeln diese Intentionen wider.

Viele der in diesem Buch abgebildeten architektonischen Beispiele wurden von einer vermögenden Mittelklasse in Auftrag gegeben. Darunter fallen auch die exklusiven Hotelanlagen in ihrer abgeschiedenen tropischen Umgebung. Manche Kritiker sprechen diesen Enklaven des Wohllebens in der Dritten Welt jegliche Daseinsberechtigung ab, da sehr viel dringlichere Fragen anstünden, wie der soziale Wohnungsbau, Umsiedlungen und Umstrukturierungen der Landwirtschaft.

Auch wenn diese schamlos hedonistischen Kreationen für eine Elite nicht die Entwicklung eines eigenen Stils für sich beanspruchen können, so verfolgt doch auch diese Architektur die Strategie der Wiederbelebung und der Bestätigung bestimmter traditioneller Werte. Und sie demonstriert, daß die subtile Mischung aus Altem und Neuem einfühlsame Formen hervorbringen kann. Außerdem bringen diese beispielhaften Bauten der einheimischen Bevölkerung die Schönheit ihrer traditionellen Bauformen nahe.

Die Arbeiten all dieser Architekten haben bewiesen, daß eine beispielhafte regionale Architektur aus einem poetischen und allegorischen Denken und gleichzeitig aus der einfühlsamen Weiterentwicklung alter Bauformen resultiert. Sie haben gezeigt, daß einheimische Architektur nicht nur eine Gleichung aus Nützlichkeit und Wirtschaftlichkeit ist. Alle in diesem Buch aufgeführten Beispiele leiten sich von der Eigenart eines Ortes und seiner Kultur ab.

Der wohlproportionierte »Bale Kambang« oder »schwimmende Pavillon« in Klungkung, Ost-Bali.

Amanpuri

Die exklusive Anlage von Amanpuri, was auf Sanskrit »Ort des Friedens« bedeutet, darf als eine der besten Empfehlungen in Südostasien gelten. Das auf der ruhigen Insel Phuket erbaute Amanpuri besteht aus 40 abgeschieden gelegenen Pavillons. Der Auftraggeber Adrian Zecha von Amanresorts konzipierte es als einen Ort, der als das Paradies auf Erden verkauft werden konnte, der aber gleichzeitig auch den Charme eines Wohnviertels haben sollte. 1988 eröffnet, bietet die Anlage den idealen Rahmen für eine heitere, kontemplative Gemütsverfassung.

Die leichten, eleganten Pavillons liegen malerisch verteilt auf einer 40 Hektar großen Plantage unter vom Wind gebeugten Kokospalmen. Von der flachen, langgestreckten Bucht von Pansea steigt das Gelände bis zu vierzig Meter Höhe an. Eine ausladende Treppe führt von der Anlage zu dem kristallklaren Meer hinunter.

Die ideenreiche Formensprache dieser Pavillons ließ sich von den traditionellen Formen und Techniken der thailändischen Tempel inspirieren. Der in Paris lebende Amerikaner Ed Tuttle sah seine Arbeit in einem anderen Licht, nachdem er die üppig verzierten und vergoldeten Meisterwerke buddhistischer Tempelarchitektur im Norden Thailands besichtigt hatte. Seine Entwürfe lassen erkennen, daß er die einheimische Formensprache der Ayutthaya-Periode perfekt beherrscht. Das Ergebnis ist eine Architektur der räumlichen Effekte, die ebenso raffiniert wie verführerisch ist. Die tropische Idylle nimmt einen sofort gefangen. Von Tuttle stammen auch das Wohnhaus Adrian Zechas, die Innenausstattung des Sukhothai-Hotels in Bangkok und des Beaufort-Hotels in Singapur.

Form und Raum lassen eine Hierarchie architektonischer Intentionen erkennen. Die Pavillons und die Verbindungswege werden von Pfahlkonstruktionen getragen, um die Erosion des Bodens zu verhindern. Jeder Pavillon besteht aus einem Schlafbereich mit einem geräumigen Bad von ingesamt 100 qm. Daran schließt sich eine offene »sala« oder

Skizze der Anlage mit dem Eingangspavillon und den 40 Wohnpavillons.

Die Anlage bedient sich einheimischer Architekturelemente. Die Impulse der traditionellen thailändischen Bauweise eröffnen neue Perspektiven.
Vorangegangene Seite: Der friedliche Eindruck der Seerosen schöpft seine visuelle Kraft auch aus dem Kontrast zur harten Umgebung.

Eine imposante Treppe führt von der Anlage zum Strand von Pansea.

ein überdachter Empfangsbereich an, der durch eine Veranda mit dem Haus verbunden ist.

Die malerischen, steilen Giebel des grauen Ziegeldachs werden durch das charakteristische Windbrett abgeschlossen, dem eindrucksvollen Symbol thailändischer Baukunst. Tuttle hat das einheimische Handwerk für seine Zwecke genutzt. Sowohl die Bautechniken wie die Ausführenden stammen aus der Gegend. Säulen, Simswerk und Rahmen sind aus »maka«, einem einheimischen Hartholz, während für die Fußböden »tabak«, ein anderes einheimisches Holz verwandt wurde. Auch bei den Interieurs wurden einheimische Baustoffe benutzt. Selbst die Baumwollstoffe wurden von dem berühmten Jim Thompson in Bangkok hergestellt.

Die Wasserbecken und Lotosteiche, die die für die Allgemeinheit bestimmten Gebäude und die beiden Restaurants umgeben, lassen die Schönheit der Architektur noch mehr zur Geltung kommen. Das mit blauschwarzen Fliesen ausgelegte Schwimmbecken in der Mitte der Anlage bildet eine visuelle Ergänzung zu der kristallklaren Fläche des Meeres.

Amanpuri beweist, wie sich durch eine Wiederbelebung alter Bautraditionen eine elegante und faszinierende Hotelanlage gestalten läßt. Eine Architektur wie diese, die von der Sorgfalt und dem Geschick einheimischer Handwerker profitiert, wird auch immer eine entspannte, harmonische Atmosphäre erzeugen und gleichzeitig die poetische Kraft einer klaren Formensprache zum Ausdruck bringen.

Blick auf ein Ferienhaus der Anlage. Die Schlafräume befinden sich unter dem steil emporragenden Dach auf der rechten Seite, der Wohnraum auf der linken.
Rechts: Die Veranda zwischen Schlafraum und überdachtem Empfangsbereich oder sala ist ideal zum Entspannen.

Club Med Phuket und Bali

Seit seinen Anfängen in den fünfziger Jahren hat der Club Mediterranee mit großem Erfolg das französische Konzept einer Verbindung von Freizeit und Sport propagiert. In den 70er Jahren dehnte sich das Club-Med-Imperium bis zu den tropischen Inseln von Tahiti, Mauritius und den Malediven aus. 1980 wurde das erste südostasiatische Feriendorf an der malaysischen Ostküste von Cherating eingeweiht. Vor kurzem kamen zwei weitere Dörfer auf Phuket und Bali hinzu.

Die Club-Med-Anlage am Strand von Kata im nordwestlichen Zipfel der Insel Phuket wurde 1986 fertiggestellt. Auf einer 36 Hektar umfassenden Kokosplantage gehen von einem riesigen Hauptgebäude strahlenförmig die viergeschossigen, im traditionellen Stil erbauten Pavillons aus. Der Architekt M.L. Tri Devakul, einer der bekanntesten thailändischen Architekten, hat mehrere Hotels auf Phuket entworfen, u. a. auch den luxuriösen Phuket-Jachtklub und das Phuket Meridien.

Die im Dezember 1988 auf Bali eröffnete Anlage gilt als eines der spektakulärsten Club-Med-Dörfer. Sie befindet sich auf einem 14 Hektar großen Grundstück und ist das Werk des Architekten Christian Demonchy von Noelle Janet-Christian Demonchy Architecture and Decoration. Obwohl es sich um einen riesigen Komplex mit 402 Zimmern handelt, die in niedrigen Blöcken von einer Achse ausgehen, ist die Architektur ein Wunder an harmonischer Einfügung in die Landschaft und romantischer Widerspiegelung balinesischer Baukunst. Die Architekten griffen, wo immer sie konnten, auf einheimische Baustoffe zurück. Die Pflanzen, die bei der Gestaltung der üppigen Landschaft verwandt wurden, zeichnen sich durch die bunte Pracht ihrer Blüten und Blätter aus. Dieser großzügige Umgang mit Grün läßt die einfühlsame Architektur erst richtig zur Geltung kommen.

Der Eingangspavillon des Club Med auf Phuket.

Der Entwurf ist eine Synthese aus überlieferten Formen und moderner Ästhetik.

Einstöckige Pavillons rahmen den Wasserhof an der Eingangshalle.

Charakteristisch für die tropische Architektur: steil geneigte Dächer, gestaltete Landschaft, Wasseranlagen, Innenhöfe, Zwischenbereiche und die Verwendung einheimischer Baustoffe. Der Club Med auf Bali ist ein gutes Beispiel dafür.

Holz wird für das oberste Stockwerk verwandt, im Gegensatz zu dem Mauerwerk der unteren Stockwerke.

Blick von der Eingangshalle auf die weite Fläche des blaugekachelten Schwimmbeckens.

Amanusa

Das in Nusa Dua auf Bali gelegene Amanusa bietet einen herrlichen Blick auf die Insel Nusa Penida. Die Anlage wurde von dem in Singapur ansässigen Architektenbüro Kerry Hill entworfen und besteht aus 35 Pavillons, die durch ein Netz von Wegen mit den gemeinsam genutzten Einrichtungen verbunden sind. Der Platz vor den einzelnen Gebäuden besteht aus einem ummauerten Vorhof, einem kleinen, privaten Hof mit einem eingelassenen Bad und einem Außenraum unter einer Pergola. Die meisten öffentlichen Einrichtungen wie Bar, Restaurant, Boutiquen, Galerie und Bibliothek befinden sich in dem doppelgeschossigen Hauptgebäude.

Durch eine geschickte Aufteilung und Wahl der Materialien ist es den Architekten gelungen, ein architektonisches Ensemble von beeindruckender Unmittelbarkeit und Schlichtheit zu erstellen. Bruchsteinmauern vermitteln ein Gefühl der Bodenständigkeit. Die Architekten, die diese Eigenschaften in der lokalen Baukunst erkannt haben, bedienen sich des Gewöhnlichen, um daraus etwas Außergewöhnliches zu machen. Das Ergebnis ist eine sehr sinnliche Architektur, die als richtungsweisend für die Zukunft gelten kann.

Blick von dem angrenzenden Golfplatz: die Anlage erscheint als ein ausgedehnter Komplex von flachen Gebäuden.

Blick von der offenen Speiseterrasse auf den monumentalen, zweistöckigen Wohnblock.

Mit Lotos bepflanzte Töpfe und Wasserspeier am Schwimmbecken.

Die allgegenwärtigen Bruchsteinmauern vermitteln ein Gefühl der Bodenständigkeit.

Typischer bedeckter Gang, der die verschiedenen Teile des Hauptgebäudes miteinander verbindet.

Mit der Landschaft korrespondierende Wasserbecken.

Gestaltete Gartenlandschaft.

Pavillon im traditionellen balinesischen Stil.

Die Pavillons liegen in Gärten, die mit viel Gefühl für die Landschaft entworfen wurden; manche sind mit Alang-alang-Gras bepflanzt, das auf Bali zum Decken der Dächer verwandt wird.

Amandari

Der australische Architekt Peter Muller verließ sich ganz auf den Charme und die Schönheit Balis, um einen Hafen des Luxus, die Amandari-Anlage, zu schaffen. Zu den Amandari-Hotels gehören u.a. auch das berühmte Amanpuri auf Phuket sowie das Amankila und Amanusa auf Bali (Leitung Amanresorts, Besitzer P.T. Villa Ayu).

Die sehr persönliche und zurückhaltende Anlage, die im Oktober 1989 offiziell eröffnet wurde, liegt in dem malerischen Ubud, abseits von dem überlaufenen Touristengürtel. Diese Stadt an der Südflanke des balinesischen Zentralmassivs war bereits in den zwanziger Jahren ein Refugium für Künstler gewesen. Ubud ähnelt einem großen Dorf und beherbergt viele talentierte Musiker, Tänzer und Holzschnitzer. Die Anlage verdankt ihre Existenz der wundervollen Lage 80 Meter über der üppig bewachsenen, grünen Schlucht des Flusses Ayung.

Der Standort zeichnet sich noch durch ein weiteres erwähnenswertes Detail aus: Im 5. Jahrhundert – so die Sage – wurde ein berühmter indischer Weiser von einem Engel aufgefordert, einer blauen Lichtkugel zu folgen, die ihn nach Bali führte. In der Schlucht bei einer Quelle kam sie schließlich zum Stillstand. Daher auch der Name: Amandari bedeutet sinngemäß »Friede und himmlische Wesen«. In den vergangenen 1500 Jahren haben die Dorfbewohner alle sechs Monate eine große Prozession zu diesem heiligen Ort veranstaltet.

Peter Muller hat sich seit 1960 um eine dem Standort und dem Bioklima angepaßte Architektur bemüht. In den letzten Jahren hat er mehrere Ferienhotels entworfen – in Tahiti, Ägypten und an verschiedenen Orten Südostasiens, so z.B. das Bali Oberoi in Seminyak. Seine Architektur versucht, möglichst viele unserer Sinne anzusprechen. Gegenstände und Elemente werden um ihrer Akustik, ihrer Gerüche und visueller Ausstrahlung willen ausgewählt. Diese synästhetischen Bemühungen kommen in Amandari auf überzeugende Weise zum Ausdruck.

Der Entwurf der Anlage basiert auf dem klassischen balinesischen Dorf mit seinen von Mauern gesäumten Wegen und lauschigen Innenhöfen. Es ist Mullers Verdienst, einen wohldurchdachten Komplex von Innen- und Außenräumen geschaffen zu haben, der auf die noch vorhandenen einheimischen Traditionen Bezug nimmt, sie gleichzeitig aber auch neu interpretiert, um dem größeren Maßstab des Projekts gerecht zu werden. Der Architekt entwarf 27, von Mauern umgebene Pavillons, die ausgezeichnet in ihrer Umgebung eingefügt wurden und mit dem benachbarten Dorf Kedewatan und seinen Reisterassen sehr gut harmonisieren. Jeder Pavillon verfügt über eine Wohnfläche von 100–150 qm. Die Anordnung greift auf Materielles und

Mit seinen von Mauern gesäumten Wegen und verschwiegenen Innenhöfen erinnert der Entwurf von Amandari an ein traditionelles balinesisches Dorf.

Zwei steinerne Wachposten flankieren einen der vielen Pfade in der Anlage. Der um sie geschlungene karierte Stoff soll Bösewichten den Eintritt verwehren.

Dem Standort wird große Bedeutung zugemessen. Zeitlose Handwerkskunst zeigt sich in den harmonischen Proportionen wie in den Details.

Einer der beiden Wohnpavillons mit dem dazugehörenden Schwimmbecken.

Toreingang eines Pavillons.

Muller schuf eine geordnete Aufeinanderfolge von Innen- und Außenräumen, die auf noch vorhandene einheimische Elemente Bezug nimmt.

Immaterielles in der balinesischen Kultur zurück. Am augenfälligsten ist der elementare, bäuerliche Stil, der sich in den steil emporragenden Giebeln manifestiert. Die Dächer sind aus Stroh und hängen auf traditionelle balinesische Art weit über. Was die Tektonik betrifft, so betonen diese Pavillons Materialien und Strukturelemente. Gleichzeitig drückt sich in ihnen auch ein poetisches Ordnungsprinzip aus.

In 16 doppelstöckigen Suiten führt eine Wendeltreppe nach oben zum Schlafzimmer. Alle Pavillons verfügen über ihr eigenes, durch hohe Mauern geschütztes eingelassenes Bad, das sich im Freien befindet. Jeweils zwei doppelgeschossige Wohnungen verfügen über ein gemeinsames Schwimmbekken. Die von dem Australier Neville Marsh entworfenen Möbel und Stoffe wurden in einheimischen Betrieben hergestellt. Die harmonische Verbindung von Vegetation und Architektur ist das Werk des Landschaftsarchitekten Michael White, auch bekannt unter seinem balinesischen Namen Made Wijaya.

Laut Muller sind »das Amandari wie das Oberoi Beispiele für eine redliche Architektur. Ihre Integrität ist in ihrer Struktur und den Materialien begründet. Nichts ist vorgetäuscht. Die Bautechnik ist das, was das Auge sieht, nichts weiter. Sie überzeugt durch ihre Natürlichkeit, ihre Harmonie, ihre natürlichen Baustoffe und und die herausragenden Handwerkskunst.«

Amandari ist in jeder Beziehung ein »Ort der Ruhe«, eine Hymne an die enigmatische Landschaft Balis. Von täuschender Einfachheit, ist es ein Werk voller Poesie, einer Poesie der Tropen. Um nochmals Peter Muller zu zitieren: «Als nicht gebürtiger Balinese am Ort lebend, sieben Tage in der Woche und zehn Stunden am Tag im Einsatz, und das 18 Monate bis zur Fertigstellung Amandaris, realisierte ich mit diesem Projekt alle meine Vorstellungen, wie gebaut werden sollte. Ich habe all das ausgedrückt, was ich über das Bauen auf Bali weiß, und möchte es deshalb auch dabei belassen, denn alles Weitere wäre nur Wiederholung.

Lageplan der Wohnpavillons

Jeder Pavillon greift auf materielle und immaterielle Elemente balinesischer Kultur zurück. Er besteht aus einem großzügigen Aufenthaltsraum mit Blick auf die dazugehörende Gartenanlage.

Steinfigur in einem offenen Innenhof.

Tandjung Sari

Grundriß, der die Anordnung der Pavillons verdeutlicht.

Tandjung Sari (»Kap der Blumen«), das ausschließlich auf einheimische Formen zurückgreift, ist eine der persönlichsten und vollendedsten Anlagen auf Bali. Den Namen lieh ihr ein Tempel an der Küste von Sanur. Von dem Besitzer und Architekten Wija Wawo Runtu entworfen, dominieren deutlich die lokalen Elemente.

Die Anlage wurde 1962 als eine aus vier Bungalows bestehende Erweiterung von Wawo Runtus Wohnsitz konzipiert. Inzwischen sind es insgesamt 29 Bungalows, deren Anordnung der einer balinesischen Siedlung entspricht. Die in einem Labyrinth von Wegen und geheimnisvollen Gärten gelegenen, doppelstöckigen Bungalows verfügen über ummauerte Innenhöfe und ein Schlafzimmer für zwei Personen im oberen Geschoß. Die aus jeweils vier Wohneinheiten bestehenden Häusergruppen sind hakenkreuzförmig angeordnet. Zusammen mit den roten Backsteinmauern und dem naturbelassenen Holz zeugen die grauen, mit Alang-alang-Gras (»Langgras«) gedeckten Dächer von einem sicheren Stilempfinden. Gleichzeitig bewirkt diese Verbindung von Architektur und Natur eine Atmosphäre der Ruhe und Gelassenheit. Überall stößt man auf balinesisches Kunsthandwerk und holländische Antiquitäten aus der Kolonialzeit. Tandjung Sari ist ein Musterbeispiel für eine geglückte Synthese aus poetischer Vision und klarer Konzeption. Die daraus resultierende Sprache, die sich auch in den einfachsten Dingen ausdrückt, verrät sehr viel Können und Geschick.

Inzwischen wird das Hotel von Wawo Runtus Sohn Agus geleitet. Der frühere Anthropologe rief die Tandjung-Sari-Stiftung ins Leben, die die jungen Tänzer von Sanur und das Gamelan-Orchester aus Sindhu Karja unterstützt.

Tandjung Sari beweist mit seiner Adaption einheimischer Baukunst, daß eine neue Synthese, und nicht nur Imitation entsteht, wenn die einheimischen Traditionen richtig verstanden werden.

Im Empfangspavillon kommen die Materialien sehr gut zur Geltung.

» Die einzelnen Bungalows waren im einheimischen Stil erbaut und befanden sich inmitten prächtiger Gärten ... in den Nischen erschienen die Statuen von Göttern und Gottheiten. Der Wohnraum mit seinen Wänden aus gespaltenem Bambus, seinen Matten, Holzplatten und den mit Rindenfasern zusammengebundenen Pfählen erzeugte Schwingungen, die sich nur mit dem Gefühl vergleichen lassen, das man in einem Wald hat; als besäßen die natürlichen Materialien immer noch ein Eigenleben ...«

- Tandjung Sari aus der Sicht Anaïs Nins in »Das Tagebuch der Anaïs Nin, 1966–1974«.

Dieser private Innenhof ist eine Oase der Ruhe.

Ein zum Ausruhen gedachter Pavillon verwandelt sich in einen Ort ästhetischen Genusses.

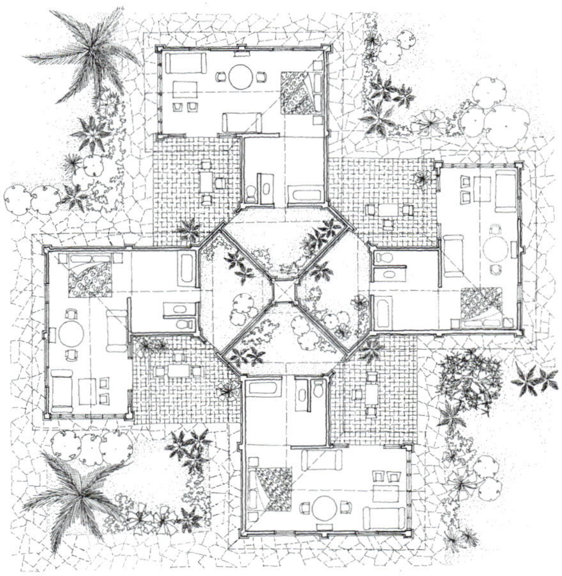

Die aus vier Pavillons bestehenden Häusergruppen sind hakenkreuzförmig angeordnet und lassen in ihrer Mitte einen Hof entstehen.

Jeder Pavillon liegt in einem Labyrinth von Pfaden und geheimnisvollen Gärten.

In den Gärten verstreut stehen rätselhafte Steinskulpturen wie diese Fontäne. Einfache Arrangements zeugen von einer glücklichen Hand.

Das Rantau-Abang-Besucherzentrum und das Tanjong-Jara-Strandhotel

Dieser Bau an der Ostküste von Malaysia, 65 Kilometer südlich von Kuala Trengganu, wurde 1983 mit dem Aga-Khan-Preis für Architektur ausgezeichnet. Der seit 1980 verliehene Preis soll das Auge für islamische Kultur schärfen und gleichzeitig die gesellschaftlichen, kulturellen und ökologischen Aspekte der Architektur ins Blickfeld rücken.

Aus der Rede anläßlich der Preisverleihung: »Für den Mut, den es erfordert, sich für eine bedrohte, traditionelle Baukunst und altes Handwerk zu entscheiden, sie zu adaptieren und zu entwickeln und gleichzeitig den Anforderungen zeitgenössischer Architektur gerecht zu werden. Das Programm, das in einem kaum erschlossenen Gebiet Hotelanlagen vorsah, verfolgte damit die sehr viel weitreichendere Strategie, der einheimischen Architektur und Wirtschaft eine Starthilfe zu geben. So wurden durch dieses Projekt Arbeitsplätze vor Ort geschaffen und die Dienstleistungsindustrie gefördert. Durch die Verwendung von traditionellen Formen und Materialien hat das Projekt einer Anzahl von Baustofflieferanten sowie dem einheimischen Kunsthandwerk und dem traditionellen Bauhandwerk neuen Auftrieb gegeben.

Obwohl der Rückgriff auf alte Formen uns mit technischen und auch ideologischen Problemen konfrontiert, so hat die Konsequenz, mit der dieses Projekt auf den verschiedenen Ebenen vom Entwurf bis zur Fertigstellung durchgeführt wurde, doch eine Architektur gezeitigt, die mit den überlieferten Werten und ästhetischen Maßstäben übereinstimmt und die sich mit den besten erhaltenen Beispielen alter Tradition vergleichen läßt.«

Den Architekten Wimberly Whisenand Allison Ton und Goo aus Hawaii ist es zusammen mit Akitek Bersekutu aus Malaysia gelungen, die Architektur mit der Kultur der malerischen malaysischen Ostküste zu verbinden.

Das Hotel besteht aus 100 Zimmern, die auf kleine Wohnblöcke und Bungalows verteilt sind, während zu dem Besucherzentrum ein Museum und elf Chalets gehören. Beide haben sich von den besten Beispielen einheimischer Architektur inspirieren lassen, von den jahrhundertealten istanas, *alten, aus Hartholz erbauten Königspalästen. Auch die Hotelkonstruktionen greifen auf einheimisches Hartholz zurück, wobei Pfosten und Balken auf traditionelle Art zusammengefügt werden. Giebelschnitzereien, Giebelgitter und andere Dekorationen wurden bei einheimischen Künstlern in Auftrag gegeben und in den Entwurf integriert. Das Ergebnis ist eine sorgfältig ausgestattete, beeindruckende Hotelanlage, bei der Standort, Form und Materialien ein harmonisches Ganzes bilden.*

Oben und rechts:
Die Gebäude des Rantau-Abang-Besucherzentrums sind auf Pfählen in den Fluß gebaut, um die natürliche Landschaft und das ökologische Gleichgewicht nicht zu zerstören.

Die Chalets von Rantau Abang erinnern an die jahrhundertealten aus Hartholz errichteten Königspaläste.

Die zweigeschossigen, aus Hartholz erbauten Häuser des Tanjong-Jara-Strandhotels haben 8 bis 12 Gästezimmer. Die Häusergruppen sind auf das Meer ausgerichtet.

Eine Holzbrücke überspannt die Lagune von Tanjong Jara.

Das riesige, schützende Dach des Empfangspavillons in Tandjung Sari auf Bali ist eine Musterbeispiel für Schlichtheit.

Dächer

» Ein unersetzliches Element eines jeden Gebäudes ist das Dach – schützend, emphatisch und unerläßlich … allgegenwärtig, unvermeidlich, wobei seine Größe und Form durch das Gebäude darunter vorgegeben sind. Das Dach – seine Gestalt, Beschaffenheit und sein Ausmaß – ist das auffälligste optische Merkmal eines Gebäudes.«

- *Geoffrey Bawa*

Die Dachkonstruktion, bei jedem Bauwerk ein dominierendes Element, ist für den Raum darunter der wichtigste Schutz vor den Unbilden der Natur. Von primärer Bedeutung für unser Leben ist auch das Gefühl der Sicherheit und des eigenen Raumes, das es vermittelt.

Die einfachste Konstruktion in Südostasien ist ein riesiger Schirm als Dach über einer erhöhten Plattform, der vor Sonne und Regen schützt. Im Gegensatz zur westlichen Hemisphäre sind Wände nicht unbedingt erforderlich. Die Form eines Daches, eine Antwort auf den Ort und das Klima, ist von ausschlaggebender Bedeutung, was den Charakter und Umriß eines Gebäudes betrifft.

Das »sichtbare Dach« ist ein formbestimmendes Element; es macht ein Gebäude interessant, hebt es heraus und vermittelt sofort einen Eindruck von der Eigenart des Landes. Von der modernen Architektur häufig vernachlässigt, wird es auf einer sinnlichen Ebene unmittelbar wahrgenommen, da sich unseren Sinnen die Größe und die Bestimmung eines Gebäudes sofort mitteilen.

Das Dach ist erwiesenermaßen ein wichtiges Symbol für die menschliche Behausung. Dabei rangiert das Giebeldach an erster Stelle. Mehr als andere Dächer vermittelt es ein Gefühl von Geborgenheit und Sicherheit. In Nordeuropa und Nordamerika bestimmten die Abflußmöglichkeiten für Regen und Schneewasser die Dachformen. Die traditionellen, steil emporragenden Dächer leiten auch in den Tropen plötzliche Regengüsse schnell und wirkungsvoll ab, während die hohen Decken für Platz und Durchzug im Innern sorgen. Diese allgegenwärtige Dachform mit ihrer kompakten Baumasse, die von den Handwerkern auf altbewährte Art mit natürlichen Materialien ständig reproduziert wird, ist immer noch eines der wichtigsten Merkmale südostasiatischer Architektur. Die typischen dreieckigen Giebelfelder werden durch diagonal verlaufende Holz- oder Bambusteile gebildet.

In ganz Südostasien findet man Häuser auf hohen Stelzen oder Pfosten mit expressi-

Das Dach läßt auf den ersten Blick regionale Besonderheiten erkennen; hier eine Dachform, die charakteristisch für balinesische Reisspeicher ist.

Die spektakuläre »meru«, eine balinesische Pagode, die den kosmischen Berg Mahameru darstellt, weist immer eine ungerade Zahl von Dächern auf.

Mit grauem alang-alang gedeckte Dächer sorgen in der Four-Seasons-Anlage auf Bali für Atmosphäre.

Eckendetail eines typisch balinesischen Strohdaches. Die vier Ecken eines Hauses sind gewöhnlich verstärkt.

ven, steilen Dächern, die sehr unterschiedlich gestaltet sein können. Die meisten leiten sich vom Giebeldach ab. Diese Art von Architektur ist seit eh und je mit den »Menschen am Wasser« verbunden. Man hat herausgefunden, daß in einem Gebiet, das sich von den östlichen Inseln des indonesischen Archipels bis Sumatra, der malaiischen Halbinsel, Indochina und Yunnan erstreckt, ein bestimmter Typus von erhöhten Häusern vorherrscht. Sie haben Satteldächer und nach außen schwingende Giebel, die an ein umgedrehtes Schilfboot erinnern.

Diese kunstvoll geschnitzten und reichverzierten Häuser, die von den Sa'dan Torajas und den Minangkabaus gebaut wurden, findet man heute nur noch im gebirgigen Südwesten der Halbinsel Sulawesi (dem früheren Celebes). Die Torajas, deren Traditionen Elemente der südostasiatischen Megalithkultur enthalten, tragen einen zeremoniellen Kopfschmuck, der große Ähnlichkeit mit den kühnen Dachkonstruktionen ihrer einzigartigen Wohnbauten aufweist.

Man vermutet daß, proto-malaiische Stämme, die vom Kontinent aus die südostasiatischen Inseln erforschten, ihre Boote nach oben drehten, um ein Dach über dem Kopf zu haben. Auf Bronzetrommeln aus dem Jahr 500 v.Chr., die an der Nordküste Vietnams gefunden wurden, entdeckte man eingeritzte Strukturen, die den Toraja-Häusern sehr ähnlich sehen und gemeinsame Ursprünge in der späten Jungsteinzeit vermuten lassen.

Der Anthropologin Roxanna Waterson erscheint jedoch die These, die diese imposanten Dachkonstruktionen auf die Bootsformen von Wanderstämmen zurückführt, zu einfach und eher unwahrscheinlich. Sie weist darauf hin, daß manche Wissenschaftler sie für eine Übertreibung der Anthropologen halten, die alles ihrer Boots-These unterordnen würden. In ihrem Buch »The Living House« zitiert sie Veröffentlichungen jüngeren Datums, z. B. Gittinger (1976) und Manguin (1986), die »das allgegenwärtige Symbol des Bootes einfach als eine praktische Metapher erklären, die verschiedene gesellschaftliche Konzeptionen oder Übergangsphasen ausdrückt. Problematisch an der alten Deutung ist auch der Begriff eines so homogenen Ganzen wie der »Megalithkultur in Indonesien«

Erwähnt werden sollte noch die symbo-

Die einfachste Konstruktion in Südostasien ist ein riesiger Schirm über einer Plattform, der vor den Unbilden des Wetters schützt.

Der Club Med auf Bali übernahm traditionelle balinesische Bauformen, wie Dächer aus handgearbeiteten Holzziegeln und Wände aus ockerfarbenem Backstein. Die Dächer schwingen über vier Etagen, was dem Ganzen eine intime Atmosphäre verleiht.

Entscheidend für Dachkonstruktionen sind zwar immer Standort und Klima, gleichzeitig bedeuten sie aber auch eine ungeheuere Bereicherung für einen Bau und seine Silhouette, wie die Nachtaufnahme des Grand Hyatt auf Bali beweist.

lische Bedeutung, die dem Wasserbüffel in ostasiatischen Gesellschaften zukommt. Dieses Tier, das für Reichtum, Ruhm, Stärke und Männlichkeit steht, ist bei den Bataks auf Sumatra ein ständig wiederkehrendes Motiv. Der Dachabschluß der Karo-Batak-Häuser weist häufig große Ähnlichkeit mit Büffelhörnern auf. Auch die Toraja-Häuser, vor allem die der Aristokratie, sind mit einem geschnitzten Büffelkopf geschmückt, der echte Hörner trägt. Das im Norden Thailands übliche , allgemein »kalae« genannte Wohnhaus, hat vorspringende, gekreuzte Giebelenden, die an einen Büffelkörper erinnern. Ähnlich eindeutige Abbildungen findet man bei den Häusern der Simalungun Batak auf Sumatra.

Eine andere, weitverbreitete Dachform ist das Pyramidendach, das sowohl bei einfachen Konstruktionen und Hausschreinen auf Bali wie auch bei den kunstvoll geschichteten Moscheen der malaiischen Halbinsel verwandt wurde. Dieses *bumbung-limas*-Dach findet sich jedoch selten bei Wohnhäusern. Das balinesische Dach ist eine Walmdachkonstruktion, *bale* genannt, die mit Stroh *(alang-alang)* gedeckt ist und von einem Abschluß aus Terrakotta gekrönt wird. Miguel Covarrubias schreibt: »Eine sorgfältig gebaute *bale*, der Urtypus eines balinesischen Hauses, ist ein Wunder an Einfachheit, Erfindungsreichtum und gutem Geschmack.« Abwandlungen dieser Form findet man auch den melanesischen und polynesischen Inseln. Sie mußte modifiziert werden, um den regionalen Eigenheiten Rechnung zu tragen; dabei veränderte sich auch der Name – aus *bale* wurde *fale, fare, vale, whare* und *bure*.

Die eindrucksvolle *meru* , eine balinesische Pagode, die den himmlischen Berg Mahmeru darstellt, hat immer eine ungerade Anzahl von Dächern: zwischen drei bis maximal elf. Jeder Typus ist einer anderen Gottheit geweiht. Die geheiligte Dachform ist auch für Sakralbauten auf Java typisch.

Im Westen sind vor allem die graziösen Thai-Tempel mit ihren stockwerkartig angeordneten, schwingenden Dachkonstruktionen und den reich verzierten Giebeln bekannt. Schlangenköpfe, die sich an den Ecken der Giebel emporrecken, und die abschließende hornförmige, vergoldete *chofa* auf dem höchsten Punkt des Dachfirstes sind weitere Charakteristika des eleganten Thai-Daches. Seine Struktur soll angeblich Ähnlichkeiten mit dem *garuda*, einem himmlischen Vogel, haben, der gewöhnlich zwei *nagas* in seinen Klauen

Detail eines Holzdachstuhls.

Die komplexe Holzkonstruktion des Dachstuhls im Hilton auf Bali.

Die steilen Dächer schaffen einen geräumigen Innenraum im Hotel Oberoi Bali.

Verschiedene Dachstuhlformen werden für viele der neuen Hotelhallen auf Bali verwendet.

Die schmalen Leiber der nagas zieren häufig die Giebel thailändischer Dächer.

hält. Ein Bau gilt erst dann als heilig, wenn die *chofa* an ihrem Platz ist.

Die je nach Region unterschiedlichen Bautypen der malaiischen Halbinsel werden nach ihrer Dachform klassifiziert. Man unterscheidet zwischen mehreren Arten von Wohnbauten, dem Minangkabau-Haus, dem Kelantan-Haus und dem Bugis-Haus. Jedes hat seine eigene Dachform. Das einfachste, aber gleichzeitig am höchsten entwickelte Dach ist das *bumbung panjang,* ein auf Säu-len ruhendes Giebeldach. Die Gitter am Giebelende sorgen für einen steten Luftstrom. Das *bunga matahar* ist ein Schmuckelement in der Form eines Sonnenstrahlenkreises, das man auf beinahe allen Dächern findet.

Dachmaterialien werden in Südostasien sorgfältig ausgewählt und mit großer Kunstfertigkeit bearbeitet. Sie lassen sich in zwei Gruppen unterteilen: die einen sind billig, dauerhaft und können aus den vorhandenen Rohstoffen gewonnen werden, während die anderen importiert und industriell hergestellt werden müssen. Zu den ersteren gehören Materialien wie einheimische Gräser, Reet und Schindeln, zu den letzteren unglasierte, gebrannte Dachziegel, die unter der Bezeichnung Marseiller Ziegel bekannt sind, sowie der weniger gebräuchliche Schiefer. Einheimische Gräser werden geschnitten, gebündelt, über einen Bambusstreifen gefaltet und an den Dachsparren befestigt. Das graue *alang-alang* (Langgras) wächst überall auf Bali. Es wird in dem heiligen Monat *Saseh Kedasa* (entspricht ungefähr unserem Monat Mai) geschnitten und gründlich getrocknet, bevor es verwandt wird. Gutes alang-alang soll mindestens zwanzig Jahre halten.

Bei traditionellen malaiischen Wohnbauten werden zum Dachdecken gewöhnlich Materialien wie *nipah, rumbia* (Sagopalme) oder *bertam*-Gras verwandt. Im Norden Thailands findet man Ziegel aus Teakholz.

Die traditionelle thailändische Baukunst verdankt ihre schwungvolle Eleganz vor allem den stufenförmig übereinanderliegenden Dächern, wie das Beispiel von Wat Chong Kham in Lampang zeigt.

Rechts: Schwungvolle Giebelkonstruktionen der stufenförmig übereinanderliegenden Dächer in Amanpuri. Umseitig: Die elegante Empfangshalle von Amanpuri. Nachts wirkt sie noch spektakulärer mit ihrem kunstvoll gezimmerten Dachstuhl, ihren harmonischen Proportionen und den vielen bemerkenswerten Details.

Dieses »wihan«-Haus im Lanna-Stil in Wat Chieng Khong (Provinz Chiengrai) gilt allgemein als ein herausragendes Beispiel thailändischer Holzkonstruktionen.

Typisches Dach eines thailändischen Wohnhauses im Stil der großen Ebenen im Landesinnern.

Wat Chong Kham in Lampang. Die Konstruktion des Daches illustriert die herausragenden Künste der Holzschnitzer im Norden Thailands.

Charakteristische Dachformen traditioneller thailändischer Wohnhäuser.

Vergoldete Aufsätze schmücken thailändische Tempeldächer.

Der Dachstuhl wird entweder aus Bambus oder aus anderen Harthölzern, vor allem aber Teakholz, gezimmert. Es gibt jedoch Bäume, die in Thailand tabu sind, weil sie, wie die Einheimischen glauben, von Geistern bewohnt werden. Größe, Spannweite und Neigungswinkel dieser Bauelemente beeinflussen die Wahl der fertigen Materialien. Wie das Dekkensystem wirken sie sich auf die Anordnung und Form der Innenräume aus. Haltbarkeit, Wirtschaftlichkeit, was den Bau und die Instandhaltung betrifft und eventuell auch Heizbarkeit sind Faktoren, die bei der Wahl einer Dachkonstruktion berücksichtigt werden müssen.

Die Dachformen, die unsere Phantasie anregen, müssen nicht immer exotisch oder kompliziert sein. Das Dach war schon immer das variabelste architektonische Element, das auf unterschiedlichste Art interpretiert wurde, Interpretationen, die vom Formal-Repräsentativen bis zum Schwungvoll-Lyrischen reichen. Eine abwechslungsreiche Formensprache bei der große Sorgfalt auf die Details verwendet wird, bedeutet immer eine Bereicherung der Wahrnehmung. Das ästhetische Moment ist in Südostasien ein wichtiger Aspekt. Einfühlsame zeitgenössische Architekten aus dieser Region haben in der Silhouette ihrer Bauten die lyrische Schönheit der Tropen und ein aufrichtiges Bemühen um überlieferte Bauformen ausgedrückt und damit die Orte, wo sie entstanden sind, erst richtig zur Geltung gebracht.

Moderne Interpretation traditioneller Dachformen. Die Dachformen dieser beiden, von William Lim Associates entworfenen Häuser in Singapur bestechen durch ihr Design und spenden außerdem Schatten.

Ein schirmförmiger Dachstuhl in der Pansea-Anlage auf Phuket, Thailand.

Dachstuhlkonstruktion der Pelangi-Anlage in Malaysia.

Sichtbare Dachelemente in der Eingangshalle der Tanjang-Jara-Hotelanlage in Malaysia.

Giebelschnitzereien, Giebelgitter und andere schmückende Elemente vieler Hotelanlagen werden von den einheimischen Handwerkern in Handarbeit hergestellt.

Teil eines Daches in Tanjong Jara. Die Giebelenden bilden ein Windbrett, »tepang layar« genannt.
Rechts: Die Dachformen im Club Med Cherating haben sich von der malaiischen Baukunst inspirieren lassen, vor allem von den Palästen aus Hartholz der frühen Könige an der Ostküste.

Das »Schirmdach« vom Garten aus.

Dieses harmonische, in sich geschlossene Haus liegt auf einer steil abfallenden Anhöhe in Kuala Lumpur, Malaysia. Die Konstruktion, die 1989 mit dem Architekturpreis des malaysischen Instituts für Architektur ausgezeichnet wurde, ist deswegen so interessant, weil der Architekt Jimmy Lim an ihrem Beispiel beweist, daß ein moderner Stil sich durchaus mit alten Traditionen vereinbaren läßt. Den eigentlichen Mittelpunkt, um den sich diese aus Holz und Eisenbeton erbaute Anlage gruppiert, bildet das Schwimmbecken. Der großzügig bemessene Wohnbereich mit seinem riesigen Schirmdach ist wohl der eindrucksvollste Teil des Hauses. Wohn- und Eßbereiche sind für jede Windbrise offen. Die fließenden Übergänge zwischen Innen- und Außenraum und die tropisch-üppige Landschaft schaffen eine heitere und die für ein Wohnhaus unerläßliche private Atmosphäre.

Holzsäulen stützen das Hauptdach.

Der hohe, geräumige Wohnbereich des Precima-Hauses wird von einem riesigen Schirmdach gekrönt.

Das Eu-Haus in Kuala Lumpur, Malaysia, ist eine faszinierende Mischung architektonischer Überraschungen.

Eu-Haus

Das 1989 erbaute, mit dem begehrten Preis des malaysischen Instituts für Architektur ausgezeichnete Eu-Haus ist ein architektonisch äußerst raffiniertes Gebilde, dessen verschiedene Dachebenen komplexe geometrische Muster bilden, Muster, die man gewöhnlich mit Jimmy Lim assoziiert. Das Haus in bemerkenswerter Lage ist auf einem etwa 800 qm großen Gelände auf einem steilen Vorsprung gebaut, der sich in Damansara, einem Vorort von Kuala Lumpur befindet.

Es klettert in Stufen den Abhang hinunter; Pfosten sorgen dafür, daß es nicht am Boden kleben bleibt, sondern wunderbare Ausblicke vermittelt. Für Sicherheit ist auf hierarchische Art und Weise gesorgt, ausgehend von der Straße, auf deren Höhe der Eingang liegt. Die Anordnung basiert auf geschickt orchestrierten Strukturen. Auf der ersten Etage befinden sich ein zentrales Treppenhaus und ein Vorbau mit einem Arbeits- und Wohnzimmer auf jeder Seite. Die zweite Etage beherbergt drei Schlafzimmer, während auf der Etage unterhalb des Eingangs eine Küche und ein Eßraum untergebracht sind. Das zentrale Treppenhaus hält das Ganze zusammen; es spielt außerdem für die Luftzirkulation eine wichtige Rolle und stützt das strahlenförmig sich ausbreitende, spektakuläre Dach.

Das zentrale Treppenhaus stützt das strahlenförmige Hauptdach.

Das Haus mit seinen orchestrierten Dachformen klettert in Stufen den steilen Hang hinunter.

Das im Februar 1990 von William Lim Associates in der Ridout Road, Singapur, fertiggestellte Haus hat sich zum Teil von den in Schwarz-Weiß gehaltenen britischen Bungalows aus der Kolonialzeit inspirieren lassen. Es besteht eigentlich nur aus drei sorgfältig komponierten Blöcken: dem eindrucksvollen, zweigeschossigen vorderen Block mit seinem Giebeldach, dem Wohnhaus mit Blick auf das Schwimmbecken und dem Trakt mit der Küche. Naturbelassener, heller Backstein und überhängende Dächer verleihen ihm das beabsichtigte tropische Flair. Die ebenfalls naturbelassenen roten Säulen aus Balan-Holz akzentuieren das Wechselspiel von Struktur und Laub, Licht und Schatten. Trotzdem ist es ein Haus, das auch dem Zeitgeist entspricht, das, wie der Architekt hofft, »seine Zeit zum Ausdruck bringt, um so für die Gegenwart wie auch für die Zukunft relevant zu bleiben«. Unterstrichen wird diese Konzeption durch die Verwendung von modernen Baustoffen wie Stahl bei ein paar ursprünglich vorhandenen Vorrichtungen und dem im Entwurf vorgesehenen Raumfachwerk, das an die verlagerten Achsen und das schräggestellte Raumfachwerk amerikanischer Projekte erinnert. Diese vielleicht inkongruent erscheinende Kombination ist jedoch keinesfalls störend.

Holzsäulen stützen das Dach des Hauptgebäudes.

Das Hauptgebäude ist von zehn, je zwei Stockwerke hohen, runden Holzsäulen eingefaßt, auf denen das pyramidenförmige, über die innere Betonstruktur hinausragende Dach ruht.

Paradiesischer privater Bereich eines wundervoll gestalteten Gartens, entworfen von Michael White für die Villa Bebek, Bali.

Landschaften und Gärten

»Ein Garten ist wie ein Roman von Dostojewskij oder Tolstoi aufgebaut. Sie konnten ein Klima wiedergeben, bestimmte Momente dramatisieren, Bedeutung verleihen. Dasselbe gilt für einen Garten: wie man einen Betrachter führt, damit er dieselbe Sache aus verschiedenen Blickwinkeln sieht.«

- Burle Marx

Das Schwimmbecken vor dem Hintergrund üppiger Beete.

Das Anlegen und Genießen eines Gartens läßt die Menschen einen Sinn für Schönheit entwickeln, gewöhnt sie daran, sich instinktiv ihrer zu bedienen, ja sogar danach zu streben.« – Luis Barragán.

Das 20. Jahrhundert hat Gärten zum größten Teil vernachlässigt und damit auch den Schönheitssinn der Menschen verkümmern lassen. Das ist bedauerlich, denn ein Garten besitzt seine eigene Poesie und Spiritualität. Zwischen dem menschlichen Wohnbereich und dem Garten bestand schon immer eine enge Verbindung ; sie beschwört eine mystische und ästhetische Ordnung, die die Seele zum Klingen bringt.

In der Vorstellung der Menschen ist das Paradies ein üppiger grüner Garten – Ausdruck der Beziehung des Menschen zur Natur und zum Kosmos. Chinesen und Japaner versuchten in dem geordneten Mikrokosmos ihrer verzauberten Miniaturgärten die Ordnung der Planeten widerzuspiegeln. Dieser »Himmel auf Erden« wurde nie so vollendet beschworen wie im Katsura-Palast, wo ein hierarchisch-zeremonielles Durchschreiten der Gartenbereiche mit einem wachsenden Kosmosverständnis einhergeht. Dabei wird Natur wirklich erlebt. Den orientalischen Gärten und den Gärten des 15. Jahrhunderts in Indien zur Zeit der Mughal-Dynastie lag eine ähnliche Konzeption zugrunde. Sie galten als untrennbar mit der Architektur verbunden, als integraler Bestandteil eines Bauwerkes.

In den Tropen sind Gebäude nicht einfach nur Objekte in der Landschaft. In dem heißen Klima bedeuten schattige Gärten Küh-

Pflanzen verleihen dem gestalteten Außenraum Atmosphäre und Ursprünglichkeit.

Vorplatz der Villa Bebek. Die üppige tropische Vegetation dient als Schattenspender und schafft Atmosphäre.

Die Gärten von Batujimbar auf Bali gehören zu den schönsten Anlagen der Tropen.

Traditionelle Steinskulpturen des Gottes Hanuman findet man in vielen balinesischen Gärten.

lung, während die Pflanzen die harten Kanten der Gebäude mildern. Architektonisch gesehen sind die Gärten innerhalb der räumlichen Hierarchie von zentraler Bedeutung, da sie zwischen öffentlichem und privatem Bereich vermitteln. Vom Hausgärtchen bis zu den grandiosen königlichen Lustgärten bezaubern sie uns nicht nur durch ihre Farben, Formen und die Anordnung, sondern auch durch ihre Gerüche und ihren kontemplativen Charakter. Gärten, die ihre Entstehung der Liebe zu Pflanzen und dem Wunsch verdanken, ein Bauwerk harmonisch zu ergänzen, spiegeln die wechselnden Stimmungen im Lauf eines Tages wider und steigern das Empfinden für den Ort und seine Ursprünglichkeit.

Ein Architekt wird bei der Anlage eines Gebäudes Pflanzen einsetzen, um einen Raum abzugrenzen, eine private Atmosphäre zu schaffen, ein Panorama zu rahmen und eine aufregende Perspektive zu erzeugen. Pflanzen wirken sich außerdem auf das Mikroklima ihrer Umgebung aus, indem sie Schadstoffe absorbieren, Hitze, grelles Licht und Geräusche abschwächen. Strategisch günstig plazierte Bäume sind nicht nur Dekoration, sie spenden auch Schatten und bieten Schutz vor dem Wind.

In Brasilien hat Robert Burle-Marx die überwältigende Schönheit der tropischen Pflanzenwelt in das öffentliche Bewußtsein dringen lassen. Er hat auf diesem Gebiet ganz neue Perspektiven eröffnet. In seinen postkubistischen, von der zeitgenössischen abstrakten Malerei inspirierten Landschaftsparks vermischen sich mythische Reminiszenzen

Wasserpflanzen verleihen jedem Garten ein besonderes Flair. Der Lotos, der vor allem wegen seiner Blüten angepflanzt wird, ist wohl die spektakulärste aller Wasserpflanzen.

mit haptischer Sinnlichkeit. Bei der Gestaltung seiner Gärten (insgesamt waren es mindestens 600) zählten für ihn Formen, Farbe, Textur und selbst akkustische Effekte. Die letzteren erreichte er, indem er Pflanzen auswählte, deren Blätter im Wind raschelten. Auch fließendes Wasser erfüllte diesen Zweck. Tatsächlich wurde eine ganze Reihe von Pflanzen nach Burle-Marx benannt, so z. B. die *Heliconia burle-marxii.* Charakteristisch für ihn ist, daß er es vermeidet, unterschiedliche Pflanzen auf einem Stück Land unterzubringen. Es ist kaum verwunderlich, daß er als einer der einflußreichsten Gestalter tropischer Landschaftsgärten gilt. Viele Landschaftsarchitekten, die heutzutage in Südostasien arbeiten, wurden nachhaltig von ihm geprägt.

Die Zahl der Pflanzen – der einheimischen wie der importierten –, die einem Landschaftsgärtner in Südostasien zur Verfügung stehen, ist einfach schwindelerregend. Die fruchtbaren Gebiete weisen einen unglaublichen Reichtum und eine überwältigende Vielfalt pflanzlicher Formen auf. Diese Überfülle an tropischen Gewächsen ist eine nie versiegende Quelle der Nahrungsmedizin und anderer, für die einheimische Bevölkerung wichtiger Dinge.

Die Vegetation hängt von der Beschaffenheit des Bodens, der Menge der Niederschläge und der Höhenlage ab. Für die ersten Reisenden aus der westlichen Hemisphäre waren vor allem die fruchtbaren Gegenden von Interesse, da sie auf der Suche nach natürlichen Ressourcen – vor allem Gewürzen – waren. Naturforschern hingegen hatte es die exotische Vielfalt der Fauna und Flora angetan. Berühmte Reisende, wie z. B. der bekannte viktorianische Naturforscher Alfred Russel Wallace, Arthur Adams und Hugh Low waren geblendet von den einzigartigen Formen und Farben dieser Vegetation.

Die prächtige Gartenanlage von Poppies' Cottages in Kuta, Bali.

Die in großen Mengen angepflanzten Arten bilden die interessantesten Muster in der Gartenanlage von Poppies' Cottages.

Steinskulpturen von einheimischen Künstlern lassen die tropische Pracht des Gartens von Nusa Dua auf Bali noch augenfälliger werden.

Wasserspeier verstärken die erfrischende Kühle der Gärten von Nusa Dua.

Die wundervollen, von Bill Bensley entworfenen tropischen Gärten des Sheraton Senggigi Beach Resort in Lombok gewinnen noch durch geschickt angebrachte Details: die Geckos auf der Säule sind gleichzeitig amüsant und sinnlich.

Im Lauf der Jahrhunderte kamen noch viele andere, fremde Pflanzenarten hinzu. Sie gediehen prächtig und vergrößerten die Zahl der bereits vorhandenen. Einheimische Ziergärten hat es jedoch nie gegeben. Es waren vor allem die Europäer, die das westliche Konzept der Landschaftsarchitektur einführten. In den traditionellen dörflichen Siedlungen findet man in der Nähe der Häuser gewöhnlich große, gepflegte Gärten mit Obstbäumen, Bambus, Kräutern und Gewürzen wie Chili, Zitronengras, Pfeffer, Ingwer und Pfefferminz.

Blumen spielten vor allem bei religiösen Zeremonien und anderen Feierlichkeiten eine Rolle; so wurden z.B. für das Hofzeremoniell und auch für private Zwecke prächtige Blumengebinde angefertigt. Die auf Bali üblichen täglichen Opfergaben *(banten)* bestehen aus kunstvoll geflochtenen Blättern und einer bunten Vielfalt von Blumen. Mit den Farben dieser Blumen werden bestimmte Gottheiten verbunden, Rot steht z. B. für Brahma, Schwarz oder Grün für Vishnu und Weiß für Shiva. Mit Blumen dekoriertes Essen läuft in Thailand unter der Bezeichnung *baisi-pakcham* .

Auffällig sind die Wasserpflanzen, sie verleihen jedem Garten ein besonderes Gepräge. Lotospflanzen und Wasserlilien der Nymphae-Familie sind wohl am spektakulärsten. Den meisten fällt es ziemlich schwer, sie auseinanderzuhalten, obwohl die Unterschiede auf der Hand liegen. Die ersteren haben schirmförmige Blätter, die einen Durchmesser bis 30 cm erreichen können. Die langen Stengel ragen über die Wasseroberfläche, während die Blätter der Wasserlilien auf dem Wasser schwimmen. Die Lotosblüten haben außerdem einen umgekehrten Kegel in der Mitte, und die Blütenstengel ragen ebenfalls aus dem Wasser, während die Stengel der Wasserlilie sehr kurz sind.

Im Hinduismus wird die Lotospflanze als ein Symbol des heiligen Flusses Ganges und gleichzeitig auch als Quell des Lebens verehrt. Brahma, der Schöpfer des Universums, soll aus einer Lotosblüte in Vishnus Nabel geboren worden sein, während Vishnus Gemahlin Lakshmi einer Lotosblüte in Vishnus Stirn entsprang. Auch im Buddhismus spielt der Wasserlotos eine wichtige symbolische Rolle, wie die Baukunst dieser Region beweist. Die Verbindungsstücke und verzierten Teile der Säulen sind häufig mit dem Lotosmotiv geschmückt. Und das Wort für »Gesims« bedeutet im Thailändischen gleichzeitig auch Lotos. Die Lotospflanze, die vor allem wegen der Blüten angepflanzt wird, ist in vielen Teilen Asiens beheimatet. Die häufigste Variante ist der Lotos mit den rosaroten Blüten.

Das Grundstück des Club Med Bali ist dicht bepflanzt mit bodenbedeckenden Pflanzen, mit Lotos, Farnen und Palmen, dazwischen stehen Skulpturen.

Die Gärten von Amandari sind ein idyllisches Refugium in einer atemberaubenden Landschaft.

Am weitesten verbreitet ist in Südostasien jedoch die Palme: es gibt zehnmal mehr Arten im tropischen Südostasien als in Afrika. Von der majestätischen Siegelwachspalme bis zur allgegenwärtigen Kokospalme sind alle möglichen Arten von Palmen vertreten. Es gibt keinen Teil dieser Pflanze, der nicht verwertet wird. Eine andere tropische Pflanze, aus der unendlich viele Gegenstände hergestellt werden, ist der enorm anpassungsfähige Bambus. Frangipani-Bäume (Plumeria) sind ebenfalls weitverbreitet, vor allem auf Bali. Ansonsten findet man sie oft in der Nähe von Tempeln und auf Friedhöfen. Sie sind beliebt wegen ihrer kräftigen, verwinkelten Äste, ihrer filigranen Blätter und wegen des betäubenden Duftes, den ihre farbenprächtigen Blüten verströmen. Wie viele Zierpflanzen wurden die drei häufigsten Frangipani-Arten von den Spaniern aus dem tropischen Amerika nach Südostasien eingeführt. Ihre Beliebtheit verdanken sie auch der Tatsache, daß man nur einen Ast abzuschneiden braucht, wenn man einen Setzling haben will. In Thailand sind sie jedoch tabu, weil ihr Name »lantom« wie das Wort »ratom« klingt, was »Unglück« bedeutet.

Auch Farngewächse findet man überall. Der Vogelnestfarn (*Asplenium nidus*), einer der größten Farne der Welt, ist in ganz Südostasien vertreten. Die *heliconias*, eine weniger bekannte Verwandte der Bananenpflanze, ist wegen der Schönheit ihrer Blüte vor allem bei Gärtnern beliebt. Orchideen nehmen eine Sonderstellung unter den Pflanzen Südostasiens ein – es gibt etwa 27 000 verschiedene Arten. Sie gelten als ein typisches Gewächs der Tropen, ihre Blüten sind von unvergleichlicher Schönheit.

Auf Bali findet man die herrlichsten tropischen Gärten auf dem Privatbesitz Batujimbar in Sanur. Der Landschaftsarchitekt Bill Bensley von der Bill Bensley Design Group International ist seit 1986 für die Planung und

Steintreppen führen zum Schwimmbecken.

Der Landschaftsarchitekt Michael White hat den Anlagen von Amandari ihren spezifischen Charakter verliehen. Sein Konzept basiert auf den »klassischen« balinesischen Innenhöfen.

Statuen und anderer Gartenschmuck als Blickfang in einem Garten.

Realisierung vieler dieser ständig sich verändernden Gräten verantwortlich. Er hat auch vier Wohnhäuser in Batujimbar errichtet: Kajima Estate, Haus A, Frank Morgans Wantilan Lama und Adrian Zechas Pura Muntik.

Man erkennt seine Gärten an der lebendigen, phantasievollen Gestaltung und der Berücksichtigung des Ortes, was sich durch die Einbeziehung eines bestimmten kulturellen Wissens, der Menschen und ihrer Kunst ausdrückt. Der Entwurf eines tropischen Gartens beinhaltet immer eine Reihe von Vignetten oder kleine Geschichten. Bensleys Stil läßt sich am besten in seinen eigenen Worten ausdrücken: »Schönheit entsteht, wenn es keine klaren, voraussehbaren Grenzen gibt. Tropische Architektur sollte die Landschaft miteinbeziehen und sie bis in ihre innersten Räume dringen lassen.«

Auch der australische Landschaftsarchitekt Michael White hat auf den außerordentlichen Reichtum an Pflanzen zurückgegriffen, um seinen prachtvollen balinesischen Gärten Ausstrahlung zu verleihen. Die kunstvoll aus dem dichten Blätterwald herausgearbeiteten Gärten mit ihren hübschen Statuen und anderen anthropomorphischen Gegenständen sind voller Überraschungen. Sie sind eine Mischung aus kontrollierter Wildheit und unerwarteten Entdeckungen.

Die Four-Seasons-Anlage in Jimbaran: Frangipani (»jepun jawa«) sind nicht wegzudenken aus Bali.

Der Versuch, Natur mit Struktur zu verbinden, zeugt von ökologischem Bewußtsein.

Die Pavillons und Gärten wurden nach dem Vorbild balinesischer Dörfer in Hanglage, mit Blick auf die Bucht von Jimbaran errichtet. Die Bucht besteht aus einem sechs Kilometer langen, halbmondförmigen Sandstrand.

Ein großer Lotosteich bildet den Mittelpunkt dieser balinesischen Anlage in Sanur. Sie heißt Taman Mertasari oder »Garten des Heiligen Wassers« und besteht aus mehreren, um einen offenen Garten gebauten reizvollen Pavillons.

Ein strohgedeckter Reisschober in Taman Mertasari. Die vorhandenen Kokospalmen wurden bei der Landschaftsgestaltung berücksichtigt.

Das Bali Hyatt mit seinen 387 Gästezimmern wurde im November 1971 in Samur, einem ehemaligen Fischerdorf und der Heimstatt für brahmanische Priester, fertiggestellt. Es wurde von der in Hongkong ansässigen Firma Palmer und Turner entworfen und auf einer Plantage mit über 2000 Kokospalmen errichtet. Seine schlichte Architektur fügt sich harmonisch in die grandiose, 15 Hektar umfassende Parklandschaft ein. Die Bauelemente sind klar und aussagekräftig. Ausladende Dächer betonen die horizontale Ausrichtung und die damit einhergehende Bodenständigkeit. Gärten mit einer Überfülle von Frangipani-Bäumen, Bougainvillea und Wasseranlagen sind für das Ambiente des Hotels von unschätzbarem Wert.

1981 leiteten Michael White, sein Partner Ketut Marsa und ein großes Team von Gärtnern eine neue Phase der Bepflanzung und Gestaltung ein. Sie ergänzten die tropische Fülle durch Steinplastiken und andere Objekte aus bekannten balinesischen Bildhauerwerkstätten. Die in großen Mengen eingepflanzten Varianten einer Pflanzenart bilden interessante Muster. Einen Auftrieb für diese Gestaltung tropischer Vielfalt und Üppigkeit bedeutete die Einrichtung eines tropischen Gartens; er wurde 1983 angelegt und beherbergt die ganze Kollektion tropischer Pflanzen, die das Hotel zusammengetragen hatte. Viele dieser Pflanzen kamen ursprünglich aus Singapur und Hawaii. Sie wurden erst in größeren Mengen gezüchtet und dann verteilt.

Faszinierende Gartenskulpturen des Bali Hyatt.

Den Eingang der Goa Gajah oder Elefantenhöhle schmückt eine riesige Kopfskulptur. Es soll sich dabei um ein Heiligtum des Gottes Shiva handeln.

Plattform im Wasserbecken des Bali Hyatt. Eine als Wasserfall gestaltete Nachbildung der Goa-Gajah-Höhle bildet den Eingang zu einer künstlichen Höhle.
Rechts: Die spektakulären Gärten des Bali Hyatt stecken voller Überraschungen. Beete mit exotischen Blumen ergänzen das üppige Grün der tropischen Vegetation.

Die Landschaftsgärten von Amanpuri sind eine einzige Symphonie.

Strenge Landschaftsgestaltung in Amanpuri.

Holzpfosten und Balustraden unter einer bunten Blütenpracht.

Pflanzen in Hülle und Fülle.

Das Tanjong-Jara-Strandhotel – umgeben von einer pittoresken Landschaft und ihrer vitalen Schönheit.

Das Rantau-Abang-Besucherzentrum ist um eine natürliche Lagune gebaut und eine Oase der Ruhe, die die Sinne direkt anspricht.

Wasseranlagen

»Es gibt da eine Frau, die Wasser heißt. Ohne sie können wir nicht leben. Wasser ist romantisch, schön, glücklich, stark, sanft und erfrischend. Friede und Bewegung, begrenzt und ewig, Landschaft und Architektur, Wasser ist Leben.«

- Ricardo Legorreta

Das Wasser ist ein wesentlicher Bestandteil der Landschaft des Tanjong-Jara-Strandhotels und spielt eine große Rolle als experimentelles und reflektierendes Element.

Eine Brücke über die Lagune von Tanjong Jara.

Wasser, Ursprung und Voraussetzung für alles Leben, spielt in der traditionellen Baukunst und Städteplanung Südostasiens eine wichtige Rolle. Auch die Landschaftsgestaltung greift wegen seiner spiegelnden Flächen gerne auf es zurück.

Von der sprudelnden Quelle bis zum stillen Teich – immer zieht uns das Wasser geradezu magisch an. Es stellt alle anderen Reize der Landschaft in den Schatten. Im Orient hatte das Wasser nicht nur eine rein zweckmäßige Funktion. Wasser ist seit eh und je eine Quelle der Gesundheit und des ästhetischen Vergnügens. Plätze sind unvollständig ohne Wasser, dessen Aufgabe es ist, die Natur in unser Bewußtsein zu rücken. In den Gärten des Islam werden Quellen und Springbrunnen als wichtige architektonische Elemente betrachtet. Wasser ist häufig Gegenstand der Verehrung, da es zwischen äußerem und innerem Raum vermittelt, räumliche Kontinuität schafft und eine Umgebung ansprechend gestaltet. Auch in der Mythologie Südostasiens spielt Wasser eine große Rolle. Es gibt nur wenige Länder, die so viele Wassersymbole und Wasserfeste haben wie diese Region. Die einheimische Subsistenzwirtschaft beruhte schon immer auf dem Anbau von Reis in Naßfeldern.

In der einheimischen Kunst Thailands stößt man überall auf Bilder, die in irgendeiner Form mit Wasser zu tun haben. In vielen Regionen Thailands werden auch heute noch Wassergottheiten verehrt, und Feste wie das

Rantau Abang liegt zwischen der Küstenstraße und dem Meer. Es liefert das beste Beispiel dafür, was Architektur erreichen kann: die Erhaltung, wenn nicht sogar die Verbesserung einer natürlichen Umgebung.

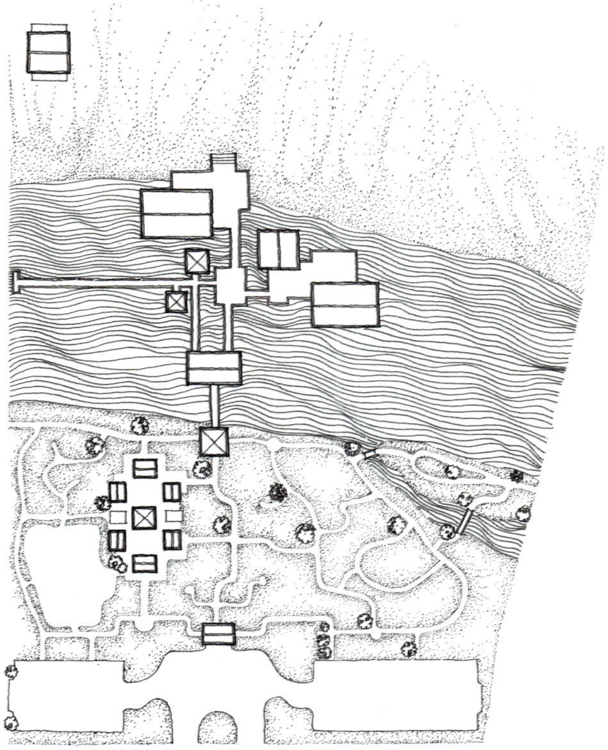

Der Grundriß des Rantau-Abang-Besucherzentrums zeigt seine Verbindung zum Wasser.

Malerisch gestaltetes Schwimmbecken der Amankila-Anlage auf Bali (auf Sanskrit bedeutet Amankila »Berg des Friedens«).

Wassergräben als Gestaltungselement der Anlage von Amankila.

Songkran, das thailändische Neujahr, sind mit Opfergaben verbunden, mit denen man um Regen bittet. Songkran dauert ungefähr 15 Tage, und gewöhnlich wird jeder der Gäste mit Wasser begossen, was als eine glücksbringende Handlung gilt. Buddhistische Klöster sind meistens so gebaut, daß sie in irgendeiner Form auf Wasser gerichtet sind. Das erklärt sich aus dem Glauben, daß Prinz Siddhartha seine Erleuchtung hatte, als er unter einem Bodhi-Baum meditierte und dabei auf einen Fluß schaute.

Wasser bestimmte auch die Anlage alter Städte und Paläste; für das Bild einer Stadt ist das Vorhandensein von Wasser ausschlaggebend. Wasser und Städte gingen eine ebenso nützliche wie ästhetisch interessante Verbindung ein. Manchmal nahmen ganze Städte eine amphibische Natur an. In Sukhothai, der alten Hauptstadt Thailands, gab es viele Tempel, deren wichtigstes Element Wasser war. Sie verfügten über ein ausgeklügeltes System von Teichen und Seen, die entweder als reflektierende Gewässer oder für rituelle Bäder gedacht waren. Ein weiteres Beispiel ist die Stadt Ayutthaya, von den alten Städten Thailands wahrscheinlich die schönste und am genialsten angelegt. Das als »Venedig des Ostens« bezeichnete Juwel thailändischer Baukunst sollte den Eindruck einer Insel erwecken und wurde zu diesem Zweck mit einem 3,5 km langen Wassergraben umgeben.

Komplexe Wassersysteme, die aus einem Netz von Kanälen und Gräben bestehen, sind charakteristisch für die klassischen Khmer-Städte, wovon die vielen »baray« (Wasserreservoirs) zeugen, die den kosmischen Ozean symbolisieren.

In der hinduistisch-buddhistischen Kosmologie ist Südostasien die Heimat der *naga* , eines Fabelwesen mit magischen Kräften, das häufig in der Volkskunst auftaucht und sowohl Gebäude wie auch Gebrauchsgegenstände schmückt. Dieses Wassersymbol war in den alten Mythologien eine Wolke in Drachengestalt, die über Mahameru, dem kosmischen Zentrum des Kontinents, hing. Eines Tages schlitzte sie der Gott Indra auf, um mit dem Wasser Flüsse und Seen zu erschaffen. Die *naga* symbolisiert also auch den

Jeder Pavillon von Amandari blickt auf Wasser.

Die verschiedenen Grüntöne der balinesischen Vegetation werden von dem grüngekachelten Salzwasserbecken von Amandari widergespiegelt.

Die von üppigem Grün und hohen Mauern umgebenen Villen des Bali Imperial verfügen über ein eigenes Schwimmbecken und eigene Wasseranlagen.

Der skulptierte Eingang einer künstlichen Höhle beim Schwimmbecken des Bali Hyatt.

Eine Skulptur mit Fontäne in der Anlage von Wantilan Lama auf Batujimbar, Bali.

Die Wasseranlagen des Bali Imperial wurden von der Bill Bensley Design Group International entworfen.

Die Wasseranlagen des Grand Hyatt Bali entzücken nicht nur das Auge, sondern auch das Ohr.

Eines der zahllosen Schwimmbecken im Grand Hyatt Bali.

Steinskulptur eines balinesischen Fabelwesens als Wasserspeier.

Quell des Lebens. Zusammen mit Wasser, Regen und dem Regenbogen ist sie deshalb ein wichtiges, allgegenwärtiges Symbol in Südostasiens kulturellem Erbe. In Thailand findet man die *naga* auf Wandbildern, Wasserkrügen und Tempeldächern. Die vielen Dachecken und Windbretter der für die Priesterweihe bestimmten Tempelhallen sind gewöhnlich mit den sich windenden Leibern und den in verschiedene Richtungen zischenden Häuptern der *naga* geschmückt.

Viele Landschaftsgärten wurden mit eindrucksvollen, von rosaroten und weißen Lotusblüten bedeckten Teichen versehen. Das lebendigste Beispiel für diese Art von Garten findet man in den Innenhöfen der balinesischen Häuser und des alten Königpalastes, dem »Puri Agung«. Auch die kunstvoll angelegten königlichen Lustgärten in Java verfügen über Wasseranlagen. Die Paläste sind gewöhnlich von silbrigen, wie Spiegel reflektierenden Teichen umgeben, die mit Wasserlilien, Lotos, Wasserhyazinthen und Wasserlattich bepflanzt sind. Von den noch erhaltenen Beispielen ist der Taman-Sari-Palast von Yogyakarta, auch als Wasserschloß oder Kraton Hamengkubuwono bekannt, wahrscheinlich der grandioseste. Er verfügt über ein ausgedehntes Netz von Kanälen, Teichen, Fontänen und Badeteichen. Sie sind Teil der Architektur und sollen ein Gefühl der Ruhe vermitteln. Ihre Magie wird durch die Lichtreflexe auf dem Wasser noch verstärkt.

Je populärer Landschaftsgärten in den Tropen werden, desto phantasievoller wird auch das Wasser als dazugehöriges Element eingesetzt. Die erholsamen Wasseranlagen werden so gestaltet, daß sie die Architektur

Die Gäste des Club Med Bali werden von Wasserkaskaden und gestalteten Wasserbecken begrüßt.

Das Schwimmbecken bildet den optischen Mittelpunkt des Sheraton-Senggigi-Strandhotels. Abwechslungsreicher grauroter Schiefer (»batu tembel«) wurde für die Wände des Schwimmbeckens und die Wege benutzt, während die Abflußrinnen des Schwimmbeckens mit grünem Schiefer (»batu sukabumi«) ausgekleidet wurden.

und ihre Umgebung verschönern. Vor allem sind sie in Hotelanlagen beliebt. Oft läßt sie die dichte Bepflanzung an den Rändern mit ihrer Umgebung verschmelzen, oder aber ihre Form ist völlig frei.

Viele moderne Hotelanlagen machen von den Möglichkeiten, die das Wasser bietet, ausgiebig Gebrauch, da sich mit ihm einzigartige Lichteffekte erzielen lassen. Bemerkenswert ist das Schwimmbecken im Amandari auf Bali; das Wasser scheint zu strömen und die Farbe der Reisterrassen zu reflektieren, ein Effekt, der durch farbige Mosaikplatten im Becken erreicht wir. Das Beispiel zeigt, wie durch die Verwendung von Farbe und Wasser ein natürliches Phänomen zur Geltung gebracht werden kann.

Wasser erfreut sich als ein Element natürlicher Landschaftsgestaltung wachsender Beliebtheit. Wasserfälle und der Landschaft angepaßte Teiche findet man inzwischen in den meisten Hotelanlagen; gewöhnlich wird viel Mühe darauf verwandt, sie möglichst natürlich zu gestalten. Für das Schwimmbekken des Hyatt Hotels auf Bali hat Bill Bensley eine Nachbildung der berühmten Felsenskulptur von Goa Gajah entworfen, die als kleiner Wasserfall dient.

Für das Sheraton-Senggigi-Strandhotel auf Lombok, einer Insel westlich von Bali, hat Bensley in einer üppigen Gartenanlage ein Phantasie-Becken gebaut. Den Mittelpunkt bildet ein riesiger, nach einem traditionellen Sasak-Vorbild modellierter Kopf aus Stein, der eine Wasserrutsche kaschiert. All diese Beispiele zeigen, daß Wasser sehr vielseitig verwendbar und, richtig eingesetzt, ein äußerst faszinierendes Element ist.

Aus Stein skulptierte Schildkröten dienen als Barhocker für die am Rand des Beckens installierte Bar.

»Kepala Besar« ist ein riesiger Kopf aus javanesischem Andesit. Er kaschiert eine Wasserrutsche.

In der ganzen Anlage stößt man auf diese wundervollen Skulpturen, die Ausdruck einer für das ganze Projekt typischen Verspieltheit sind.

Schwimmbecken des Beaufort-Hotels in Singapur. Die blauschwarzen Kacheln vertiefen die Stille.

Wassergärten zwischen den Gebäuden.

Das Schwimmbecken des Precima-Hauses, Malaysia, erstreckt sich bis in den Wohnbereich.

Das Hallenbecken der Lee Residence, Singapur, verstärkt das melodische Geräusch plätschernden Wassers.
Umseitig: Das allgegenwärtige Element Wasser in dem von Ernesto Bedmar entworfenen Hotel in der Belmont Road, Singapur, sorgt für eine heitere, gelassene Atmosphäre.

Das Schwimmbecken des Precima-Hauses hat eine angenehme, kontemplative Umgebung.

Eingerahmt von dem Türkis des Meeres und einem immer blauen Himmel wird die Anlage von Amanpuri vor allem von Wasser als gestaltendem Element bestimmt.

Das geräumige Schwimmbecken einer Villa in Amanpuri.

Das schwarzgekachelte, zentral gelegene, 23m x 8m große Schwimmbecken in Amanpuri bildet ein optisches Gegengewicht zu der kristallklaren Wasserfläche des Meeres.

Wasser spielte in der thailändischen Geschichte immer eine wichtige Rolle. Viele traditionellen Bauformen entwickelten sich an den Uferbänken der Kanäle und Wasserwege.

Eine alte Klosterbibliothek (»haw trai«) in einem Wasserlilienteich. Viele traditionelle Bauwerke weisen amphibische Merkmale auf.

Kunstvolle Wasserspiele im Garten des Sanphet-Prasat-Palastes in Muang Boran, Thailand.

Der harmonisch gestaltete Eingangshof des Club Med Bali.

Innenhöfe

»Einen Raum abzustecken ist eine wunderbare Sache. Wenn wir einen Patio schaffen, dann besitzen wir diesen Raum. Davor gehörte er jedem, danach nur uns. Patios sind romantisch, intim, sie vermitteln Geborgenheit und das Gefühl, etwas Eigenes zu besitzen. Licht, Farbe und Wasser kommen in ihnen voll zur Geltung.«

- Ricardo Legorreta

Dem Innenhof kam in vielen Kulturen große Bedeutung zu. Das abstrakte Symbol wurde dabei auf ganz unterschiedliche Weise realisiert. Von seiner Vitalität zeugt seine lange Geschichte in den unterschiedlichsten Breiten. Von den marokkanischen bedeckten Höfen mit ihren Lichtgaden bis zu den unterirdischen Höfen der Wüste Gobi und den chinesischen Innenhof-Häusern rangieren Innenhöfe ganz an der Spitze räumlicher Hierarchie. Sie werden als private Räume zum Träumen und Nachdenken konzipiert – die arkadische Version eines Ortes, an dem der Mensch zu sich selbst findet.

Das Wort »Paradies« ist von dem altpersischen Wort »pairidaeza« abgeleitet, das einen umschlossenen Garten bezeichnet. Die Innenhöfe haben also die singuläre Aufgabe, einen Raum zu definieren, in dem Natur und von Menschenhand Gestaltetes aufeinandertreffen. Dieser »Raum ohne Dach« ist ein Mikrokosmos, der Natur und Kosmos in einem verkleinerten Maßstab wiedergibt. Er bezaubert nicht nur durch seine Bepflanzung, sondern auch durch seine Atmosphäre, die Ruhe und Harmonie, die er vermittelt. Ein Hof ist eine grüne Oase, er befriedigt geistige und physische Bedürfnisse.

Es gibt verschiedene Arten von Höfen, die das Gefühl von Geborgenheit bewirken. Am häufigsten ist der geschlossene Hof in der Mitte eines Wohnkomplexes. Es handelt sich dabei um eine uralte Bauform, die schon in den frühen Kulturen von Mesopotamien, Ägypten, Griechenland, Rom und China verwandt wurde. Alle Räume gehen auf einen ebenerdigen Hof unter offenem Himmel. Eine Variante ist der durch einen Durchgang mit der Außenwelt verbundene Hof. Ein dritter Typus, der Eckhof, gleicht häufig einem ummauerten Garten. Eine weitere, verbreitete Variante ist der durch Landschaftselemente oder angrenzende Gebäude gebildete Hof.

Ein verschwiegener Innenhof des Bali Oberoi.

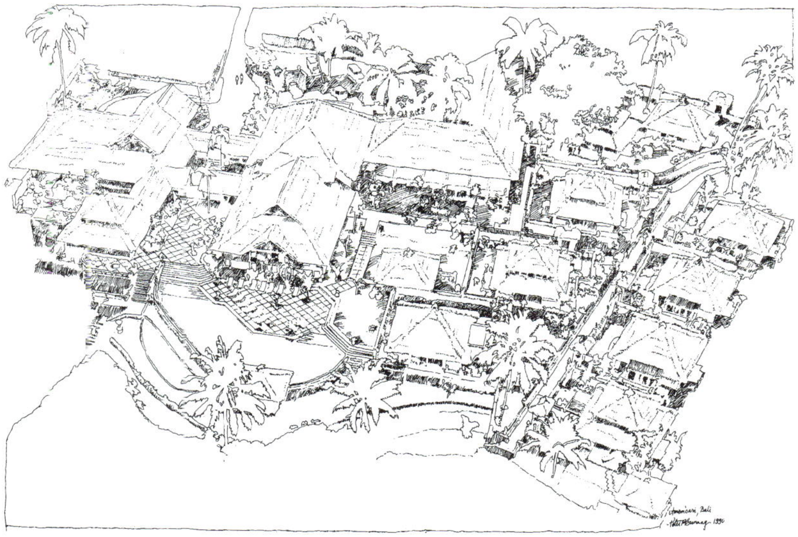

Jeder Pavillon in Amandari verfügt über ummauerte Höfe.
Rechts: Amandari aus der Vogelperspektive: Anordnung der vielen privaten und halbprivaten Höfe.

Einer der beiden doppelgeschössigen Pavillons mit dem dazugehörigen Schwimmbecken im ummauerten Innenhof.

Als Symbol einer nach innen gerichteten Welt ist der helle, luftige Innenhof eine wundervolle Einrichtung, nicht nur weil sein Mikroklima die Lebensbedingungen verbessert, sondern weil er den Bewohnern auch sonst in vielen Dingen entgegenkommt. Dieser Hof »unter freiem Himmel« läßt Licht, Regen und Wind herein und vermittelt ein »freies« Gefühl. Er läßt die räumliche Anordnung unter einem anderen Aspekt erscheinen und bringt uns die organische Welt nahe. Gleichzeitig dient er als Ort, auf den die anderen Bereiche Bezug nehmen.

In Südostasien ist der Innenhof ein Charakteristikum des Städtebaus. Die Fläche wird dabei gut genutzt, er bietet selbst in Quartieren mit großer Dichte privaten Freiraum. Häuser werden um einen unbedeckten Hof gebaut, der aber gegen die Nachbarn und die bevölkerten Straßen durch hohe Mauern abgeschirmt ist. Ein typisches Merkmal der urbanen Bautraditionen Singapurs und Malaysias ist das Ladenhaus. Die langgestreckten, schmalen Gebäude besitzen zentrale Lichthöfe, die Luft und Licht hereinlassen. Der Ladenhaus-Typus, der eine eklektische Mischung aus Renaissance-, chinesischen, malaiischen, englischen und holländischen Einflüssen darstellt, spielt innerhalb der städtebaulichen Ordnung dieser beiden Länder ein wichtige Rolle.

Interessant ist, daß der Eingang zu den meisten dieser Innenhof-Wohnanlagen eigentlich nie auf der Mittelachse liegt, was auf eine immanente visuelle Barriere zurückzuführen ist – die »Geisterwand«. Tritt man nämlich über die Schwelle eines Portals, muß man erst einmal rechts abbiegen, wenn man von draußen in den Innenhof kommt. Angeblich sollen die bösen Geister dann nicht in der Lage sein zu folgen, da sie nur geradeausgehen können.

Die Aufeinanderfolge von öffentlichem und halböffentlichem Raum verhindert den Einblick in den Innenhof. Zum Beispiel trennen eine äußere und innere Mauer den eigentlichen Tempelkomplex von den weltlichen Bereichen, wobei die innere Mauer ge-

Üppig-grüner, sonnenbeschienener Hof der Russell Whitechurch's Residence, Bali. Tradition wird in dieser erholsamen Anlage hochgehalten.

In den Hofanlagen aristokratischer Domizile befinden sich unterschiedlich genutzte Pavillons. Der gesamte Komplex bildet ein Labyrinth aus Höfen und Pavillons.

Dieser Innenhof in Ubud, Bali, besteht aus einem schmalen, grabenartigen Teich und einer Steinbrücke in einer üppig-grünen Umgebung. Inspiriert wurde er von den Wassergärten der königlichen Paläste.

wöhnlich die Form eines Kreuzganges hat, der mit Bildern Buddhas versehen ist. Wenn man über die hohe Schwelle durch das Portal tritt, findet man sich an einen anderen Ort versetzt, in ein Sanktuarium, das mit der Welt draußen wenig gemeinsam hat.

Ein typischer balinesischer Innenhof ist ähnlich gestaltet. In dem Wohnhaus einer Adelsfamilie besteht der ganze Komplex aus einem introspektiven Labyrinth aus miteinander verbundenen Innenhöfen und Pavillons. Tore weisen manchmal geteilte Türen auf, mit der »Geisterwand« direkt dahinter.

Die einfachste Form ist die *angkul-angkul*, ein Eingangsportal mit zwei Säulen, auf denen ein strohgedecktes Dach ruht. Die Tore bestehen gewöhnlich aus *paras*, einem vulkanischen Sandstein. Die Strukturierung des Hofraums entspricht einem kosmologischen Diagramm, das eine ideale Ordnung darstellt. Theoretisch gibt es acht Himmelsrichtungen und einen Mittelpunkt. Der letztere ist einfach ein Platz für die verschiedenen Aktivitäten der Familie; der Familientempel befindet sich immer in der nordöstlichen Ecke. Der *bale gede*, ein quadratischer Pavillon auf einer hohen Plattform, befindet sich im östlichen Teil und wird bei Familienfesten benutzt, während im westlichen Pavillon, dem *bale dauh*, die Kinder schlafen.

Die meisten balinesischen Tempel verfügen über zwei Höfe, einen äußeren und einen inneren. Beim Betreten des Vorhofs wird man mit dem imposanten *candi bentar* konfrontiert, einem zweigeteilten Portal, das an die beiden Hälften einer kompakten Struktur denken läßt, die genau in der Mitte gespalten und auseinandergeschoben wurde. Im Gegensatz zu den reichverzierten Außenseiten sind die beiden Innenseiten eines Portals gewöhnlich glatt. Den inneren Hof betritt man durch ein weiteres monumentales und reichbeschnitztes Tor, das *padu raksa*. Es ähnelt den beiden zusammengefügten Hälften des *candi bentar*, befindet sich jedoch immer auf einem Sockel aus Stein. Auf beiden Seiten führen Steinstufen zu dem schmalen Tor mit dem Bild des Gottes Boma.

In den alten javanischen Königspalästen stellt ein großer Innenhof in der Mitte der

Monumentale Tore führen in die inneren Höfe der alten balinesischen Tempel.

Die Höfe der balinesischen Tempel sind äußerst komplexe Anlagen.

In einem der vielen halboffenen Höfe von Amanusa, Bali, reflektiert die Oberfläche des Schwimmbeckens Licht und Schatten der Laubengänge.

Die Atmosphäre der Four-Seasons-Anlage wird von idyllischen Innenhöfen bestimmt.

Ein traditioneller balinesischer Pavillon, der »bale«, der im Innenhof einer Villa des Bali Imperial zum Ausruhen einlädt.

Mit Kieselsteinen bedecker Hof zwischen dem Hauptgebäude und dem Gebäude mit den öffentlichen Einrichtungen des Reuter-Hauses, Singapur.

Anlage den heiligen Berg Mahameru dar. Der ruhige Hof ist symmetrisch mit einer Reihe von Mauern, hohen Portalen und kleinen Höfen verbunden, die in einer Nord-Süd-Achse liegen. Tore und Höfe stellen die auf konzentrischen Kreisen angeordneten Kontinente und Meere dar. Die besten Beispiele für traditionelle javanische Hofarchitektur findet man in der alten Stadt Yogyakarta (früher Mataram). Der *keraton* oder Palast symbolisiert den javanischen Kosmos. Ähnliche kosmologische Modelle lagen auch Palästen von Solo und Cirebon zugrunde. Die Aufeinanderfolge kultischer Räume beweist, daß in der hinduistisch-javanischen Architektur ein Hof unvollständig ist, wenn er nicht in die ganze Anlage integriert ist.

Daß Höfe die Lebensqualität steigern, ist unbestreitbar. Die Vorteile für die Bewohner können physischer, ökologischer, psychologicher und soziologischer Natur sein. Wir können viel von ihnen lernen, was den Umgang mit Freiräumen und Durchgängen betrifft. Insofern vermitteln sie profunde architektonische Erfahrung und sprechen unser Unterbewußtsein direkt an.

Ein typischer Lichthof in einem alten Ladenhaus der malaiischen Halbinsel. Die Innenhöfe sind gewöhnlich mit »Melaka«-Platten ausgelegt (den Delfter Kacheln nachempfundene Platten); sie lassen dieses einzigartige städtebauliche Element hell und luftig erscheinen.

Zwei eingelassene, schwarzgekachelte Schwimmbecken in einem überdachten Innenhof der Lee Residence, Belmont Road, Singapur. Auf dem zweiten Geschoß verbindet eine durch das Atrium verlaufende Brücke den Aufenthaltsraum mit den Schlafzimmern.

Heintji Moo's Residence, Singapur. Oben: Blick auf den zentralen Innenhof. Unten: Um den unbedeckten Innenhof gruppieren sich Wohn-, Eß-, und Küchenbereich.

Das Herz des Hauses ist der von Juan Peck Foo-ı entworfene, 20 qm große, mit Kieselsteinen bedeckte Innenhof. Das Licht verstärkt die je nach Tageszeit unterschiedliche Stimmung.

Enge Höfe in einem traditionellen thailändischen Wohnhaus.

Die Höfe der traditionellen thailändischen Wohnstätten sind unbedeckt und von verschiedenen Pavillons umgeben, die für Zeremonien, Feste, zum Trocknen von Nahrungsmitteln und zum Aufbewahren der Gartengeräte benutzt werden.

Großer Pavillon in der Anlage von Batujimbar, Bali. Unmittelbarer, durch keine Mauern behinderter Kontakt mit der Natur.

Zwischenbereiche

»Architektur sollte als die Gestaltung klar umrissener Zwischenräume begriffen werden … das bedeutet eine Absage an zeitgenössische Vorstellungen … von räumlicher Kontinuität und an die Tendenz, jede Art von Vermittlung zwischen Räumen zu vermeiden…«

- Aldo van Eyck

In allen tropischen Bauten ist einer der wichtigsten Räume der Übergangsbereich. Die primäre Funktion eines Gebäudes ist zwar Schutz zu gewähren, doch seinen Reichtum offenbart es in der simultanen Erfahrung des Innen- und Außenraums. Diese »Zwischenbereiche« – die vagen, undefinierbaren Grenzbereiche zwischen Drinnen und Draußen, Privatem und Öffentlichem, Wärme und Kälte, Sicherheit und Verletzlichkeit, Schatten und Licht – waren schon immer ein wichtiges Element im Vokabular der räumlichen Formensprache.

Der holländische Architekt Aldo van Eyck hat über den »Raum dazwischen« viel nachgedacht, seine Forderung lautet: »Architektur sollte als die Gestaltung klar umrissener Zwischenräume begriffen werden ... das bedeutet eine Absage an zeitgenössische Vorstellungen ... von räumlicher Kontinuität und an die Tendenz, jede Art von Vermittlung zwischen Räumen zu vermeiden, d. h. zwischen Innen und Außen, zwischen einem Raum und einem anderen ... Stattdessen sollte der Übergang durch klar umrissene Zwischenräume markiert werden, die uns simultan erkennen lassen, was auf beiden Seiten von Bedeutung ist. Ein Zwischenraum bildet in diesem Sinn eine gemeinsame Basis, die aus konfligierenden Gegensätzen ein Zwillingsphänomen macht.«

Doch merkwürdigerweise wurde diese interessante Kategorie architektonischer Raumaufteilung auf akademischer Ebene nie systematisch analysiert, und viele Architekten ließen sie einfach unter den Tisch fallen. Nur wer sich auf diesem Gebiet sachkundig macht,

Der geschützte Raum dieser bale ist weder innerhalb noch außerhalb des Hauses; er gehört vielmehr zu dem inneren wie zu dem äußeren Bereich.

Bale, die Urform des balinesischen Wohnhauses exemplifiziert den Zwischenbereich.

In diesem zeitgenössischen balinesischen Bau erstrecken sich die Terrassen bis in das Innere des Hauses, während überhängende Dachkonstruktionen bis in die Gärten reichen.

wird lernen, mit den klimatischen Bedingungen richtig umzugehen. Dieser geschützte Raum ist weder Innen- noch Außenraum, sondern beides zugleich: ein Bestandteil der inneren wie der äußeren Welt. Seine Grenzen sind nicht eindeutig. Die Randzone zwischen Gelände und Gebautem bleibt vage, da die gepflasterten Flächen, die Gärten, ja selbst die Wasserbecken bis in den Wohnraum reichen und manchmal sogar darüber hinausgehen, während überstehende Dächer und Ausleger über ihren eigentlichen Schutzbereich hinausragen. Ineinander übergehende Räume überlappen und durchdringen sich, sie erzeugen dabei Schwingungen, die aus den Tiefen der Psyche kommen.

Der Zwischenbereich ist das eigentliche Verbindungsglied zwischen Architektur und Landschaft; in ihm findet die Interaktion zwischen Innenraum und der äußeren Umgebung statt. In einem gemäßigten Klima konzentrieren sich die Architekten auf die Stabilität der Außenwände (die Wände werden damit zu einem wichtigen Bauelement) und grenzen Innen- und Außenräume voneinander ab. In den Tropen ist das anders, die Bauten sind ein Kontinuum von Räumen, die von innen nach außen gehen. Viele südostasiatische Gesellschaften können mit dem Gegensatz von Gebautem und Gelände, Gebäude und Außenraum nicht viel anfangen.

Die wundervoll vage Zwischenzone ist dem tropischen Bewußtsein tief verwurzelt. Unter die Rubrik der vermittelnden Räume fallen viele architektonische Elemente, wie Balkone, Patios, Terrassen, Kolonnaden, Per-

Überdachte Wege im Club Med Bali.
Vorangegangene Seite: Gestaltetes Schwimmbecken auf einer palastartigen Anlage in Batujimbar, Bali.

Die Hauptempfangshalle des Grand Hyatt Bali ist so ausgerichtet, daß der Wind für Kühlung sorgen kann. Diese angenehmen Räumlichkeiten gewähren den Gästen den unmittelbaren Genuß der natürlichen Elemente.

Diese Zwischenräume der Four-Seasons-Anlage, Bali, vermitteln ein Gefühl der Einfachheit.

Die Grenzen zwischen Innen und Außen sind bei diesen überdachten Wegen nicht mehr eindeutig.

Die Zwischenräume verbinden in Amandari die Architektur mit der Landschaft und vergrößern die Grenzbereiche.

golas, Pavillons, Wandelgänge und Freitreppen. Als architektonische Elemente weisen sie bei unterschiedlicher Schutzfunktion eine Vielfalt von Formen und räumlichen Anordnungen auf, angefangen mit dem offenen balinesischen Pavillon, *bale* genannt, bis zu der Veranda oder *serambi* des traditionellen malaiischen Wohnhauses und der *sala* (ein überdachter Pavillon ohne Wände) der thailändischen Baukunst. Die *sala* ist eigentlich nur eine Holzplattform mit einem von Säulen getragenen Giebeldach. Eine *sala* zu bauen, wird als sehr verdienstvoll angesehen, und das ist auch der Grund, weshalb man in ganz Thailand auf sie stößt. Auch die Sasaks von Lombok in Indonesien verbringen einen großen Teil ihrer Zeit außerhalb des Hauses in diesen offenen Schutzbereichen.

Andere Elemente wie Balkone und Veranden ergänzen die geschlossenen Innenräume vieler Gebäude. Die ersteren ragen entweder über das Gebäude hinaus oder sind in es eingelassen, sie dienen als Übergang zwischen Innen und Außen. Die gewöhnlich über dem Boden gelegenen Balkone ermöglichen die Ausdehnung des Innenraums nach draußen. Eine äußerst glückliche Lösung ist auch die Veranda. Sie bietet einen privaten Außenraum, ein Gefühl der Geborgenheit und auch Schutz vor Hitze und sintflutartigen Regengüssen. Gleichzeitig gestattet sie den Bewohnern, die sich ständig verändernde Natur zu beobachten. Die Gebäude gewinnen durch das interessante Spiel von Licht und Schatten, das diese Elemente ermöglichen. Die Veranda, die englische Bauherren in Süd-

Diese Veranden im Club Med Cherating, Malaysia, lassen sich auch als Außenräume nutzen.

Die langen Verbindungswege im Club Med Cherating gelten als wichtige Architekturelemente und angenehme Durchgangsräume.

ostasien einführten, entstammt den mittelalterlichen Bautraditionen Spaniens und Portugals. Sie wurde zuerst nach Brasilien exportiert und dann von den Engländern den klimatischen Bedingungen Indiens und Südostasiens angepaßt.

Auch Durchgangselemente können sehr interessante Übergangsräume bilden. Sie stehen für Bewegung in einem Gebäude. Verbindungen zwischen verschiedenen Gebäuden oder durch die Gebäude führende Wege müssen als eine wichtige Erfahrung betrachtet werden, da sie uns mit der Form eines Gebäudes und dem Außenraum vertraut machen. Das Gebäude und seine Beziehung zum Standort werden erlebt und durchschaubar.

Zwischenräume sind aus der südostasiatischen Architektur nicht wegzudenken. Charakteristisch für sie ist, daß sie, ohne einem bestimmten Zweck zu dienen, die unterschiedlichsten Aktivitäten zulassen. Diese angenehmen und einladenden Räume sind äußerst vielseitig; sie bieten den Bewohnern einen einfachen Unterstand, wo sie sich unterhalten, speisen, entspannen und die Natur genießen können. Einfühlsame Architekten haben mit ihren Arbeiten bewiesen, daß ihnen die wichtige Funktion dieser Räume bewußt ist; sie übernahmen traditionelle Lösungen und integrierten sie auf intelligente Weise in ihre Bauten. Sie haben so Möglichkeiten wiederentdeckt, die von dem leeren Funktionalismus der letzten Jahrzehnte ignoriert worden waren.

Der angenehm unbestimmte Zwischenbereich zwischen Innen und Außen schließt die unterschiedlichsten Balkone und Terrassen ein, wie hier in der Anlage des Pelangi-Strandhotels, Malaysia.

Minimalistische Ästhetik der Wandelhalle im Beaufort, Singapur, durch den Wechsel von Licht und Schatten abwechslungsreich gestaltet.

Die Wandelhalle bei Nacht.

Haus in Bin Tong Park. Der Außenraum und die gestaltete Gartenanlage bilden ein Kontinuum.

Das steile Dach und die vorstehenden Traufkanten sind die auffälligsten Merkmale des Hauses.

Tiefe Überstände schützen vor Hitze und Regen.

Die nicht klimatisierten, öffentlichen Räume benötigen keine Wände, um vor Regen und Sonne zu schützen, wie das Beispiel von Amanpuri zeigt.

Die Empfangshalle von Amanpuri besticht durch ihre gelungene Vermittlung von Innen und Außen.

Amanpuri: der Bereich zwischen Innenraum und Landschaft wird durch keine Wände begrenzt.

Das Zusammenspiel zwischen den von der Decke bis zum Boden reichenden Glastüren und den Holzsäulen erinnert an traditionelle Bauformen. Es verstärkt den Bezug zwischen Innen- und Außenraum in dieser Villa in Amanpuri.

Ein an den Seiten offener, aber überdachter Pavillon oder »sala« in Amanpuri dient zum Ausruhen. »Sala« bedeutet auf Sanskrit »Einsiedlerklause«.

Steil geneigte Dächer, die beinahe den Boden berühren, ersetzen in dieser thailändischen Konstruktion die Wände.

Der Raum unter den erhöhten, auf Pfählen ruhenden thailändischen Wohnhäusern ist eine wichtige Verbindung nach draußen.

Durchgangsräume in einem traditionellen thailändischen Wohnhaus gewinnen durch das Spiel von Licht und Schatten.

Zwischenräume sind konstitutive Elemente der Architektur Südostasiens.

Das Haus des Landschaftsarchitekten Michael White in Sayan, Bali. Die Öffnungen des über der spektakulären Ayung-Schlucht gelegenen Gebäudes sind so entworfen, daß das Panorama optimal zur Geltung kommt. Die Sayan-Höhen ziehen Künstler aus aller Welt an.

Öffnungen

»Jede Tür ist gleichzeitig eine Grenze, die einen Bereich von dem anderen trennt, und eine Verbindung zwischen Innen und Außen.«

- Gretl Hoffmann

Aman Brioche, Sayan, Bali.

Der österreichische Schriftsteller Hermann Broch bemerkte einmal, daß die Fassaden zum Verständnis eines Zeitalters genügten. Die Formen der Türen, Fenster und anderer Öffnungen, die die kompakte Fläche der Mauern durchbrechen, sind unendlich variabel. Das unerschöpfliche Vokabular architektonischer Möglichkeiten reicht vom Ländlich-Schlichten bis zum Kunstvoll-Verfeinerten, vom Bescheidenen bis zum Imposanten. Um ein Maximum an Luftbewegung zu ermöglichen, verfügen die Gebäude in den Tropen gewöhnlich über eine große Zahl von Maueröffnungen.

Eine Öffnung kann sich in einer Wand, in einer Decke oder zwischen zwei Flächen befinden. Öffnungen waren immer zentrale Stellen beim Aufriß eines Gebäudes. Außerdem und nicht zuletzt schärfen sie das Auge für architektonische Formen.

Fensteranordnung in Aman Brioche.

Obwohl sie vom Design her ganz unterschiedlich sein können, sind sich Türen und Fenster ihrer Natur nach immer ähnlich. Ihre Funktion besteht in der Verbindung von Räumen und in der Ausrichtung einer Bewegung. Eine einfache Öffnung wie die einer Tür in einer Außenwand verbindet einen begrenzten, abgeschlossenen Raum mit seiner Umgebung. Aber Türen sind mehr als nur Löcher, durch die man einen Raum betritt und wieder verläßt. Sie haben eine symbolische Bedeutung, da sie die Schwelle zwischen Privatem und Öffentlichem markieren.

Seit Jahrhunderten haben südostasiatische Künstler eine allegorische Bedeutung in ihre Dekorationen gelegt und die physikalischen Funktionen von Türen und Fenstern einer durchgängigen Ikonographie untergeordnet. Die traditionellen thailändischen und balinesischen Türen gehörten schon immer zu den kunstvollsten architektonischen Elementen, die die unbegrenzten Möglichkeiten einer alten Schnitzkunst illustrierten. Die Rahmen der Türen und Fenster wurden

Die Öffnungen in dieser Villa in Sayan sind betont schlicht.

Kunstvoll geschnitzte Tür in einer Suite in Sanur, Bali.

Interessanter Toreingang zu einer Villa des Bali Imperial.

Traditionelle balinesische Tür als Seiteneingang in einem Pavillon der Anlage von Taman Mertasari, Sanur.

Öffnung in einer Wand, Club Med, Bali.

in der traditionellen Baukunst als Trapeze konzipiert, deren Basis sich nach oben hin verjüngt. Auf Türen und Paneelen sind gewöhnlich mit symbolischen Motiven verwobene Schutzgeister dargestellt. Jede Tür besteht aus zwei Türblättern in einem Holzrahmen, der direkt auf der Schwelle sitzt. Je nachdem, in welchem Bereich man sich befindet, sind auf den Türblättern Schutzgeister mit Schwertern oder winzige Waldgeister.

Das Vergolden von skulptierten Türen und Fenstern ist in Thailand allgemein üblich. Die Lackpaneelen sind manchmal auch mit kunstvollen Perlmutt-Intarsien geschmückt, die mythologische Szenen zum Gegenstand haben. Auch die Rahmen, die aus Stein oder Holz bestehen können, sind mit vergoldeten Motiven oder mit eingeschnitzten, glücksbringenden Tiersymbolen geschmückt. Gewöhnlich entstammen sie Mythologien, die das Betreten eines Raum zum Thema haben. Manche werden von kunstvollen Ziergiebeln gekrönt, die Pfauen oder *nagas* darstellen. Die kunstvoll skulptierten Eingänge sind nicht nur visuell stimulierend, sondern machen aus dem simplen Überschreiten einer Schwelle einen feierlichen Akt. Das tägliche Leben wird überhöht, ästhetischer und bedeutungsvoller gestaltet.

Fenster sind die »Filter« in der äußeren Hülle eines Gebäudes; sie lassen Licht und Luft nach innen dringen. Ob die Räume hell und luftig oder kühl und abgeschottet sind, hängt von dem Zustand der Fenster ab. Sie

Harmonisch proportionierte Türen, auf einer Achse hintereinander angeordnet.

Kunstvoll geschnitzte und mit großer Sorgfalt gestaltete Details sind charakteristisch für die traditionellen balinesischen Türen.

Zwei als Wachposten aufgestellte Figuren flankieren das kunstvolle Portal zu einer privaten Wohnanlage in Sanur, Bali.

Das auf einer Treppe stehende Tor führt zum Allerheiligsten eines aristokratischen Wohnhauses.

Verschiedene Ausführungen von Portalen; sie können aus einheimischem Vulkangestein, Sandstein oder Korallen bestehen und strahlen eine elementare Kraft aus.

Bis zum Boden reichende Fenster im Stil traditioneller malaiischer Architektur.

ermöglichen den Blick nach draußen und rücken somit die Landschaft und die Vegetation in den Mittelpunkt. In chinesischen Gartenentwürfen sind in den Wänden verschiedene Öffnungen vorgesehen, die dem kontemplativen Auge harmonische Landschaftsausschnitte bieten. Andere Arten von Öffnungen enthüllen zumindest teilweise, was jenseits der Mauern liegt, um so die Neugierde zu reizen.

»Window« ist von dem altnordischen Wort für »Wind« abgeleitet, das mit dem Wort für »Auge« verbunden wurde. Wörtlich bedeutet es das »Auge« eines Gebäudes, durch das der Wind kommt. Die wichtigste Aufgabe der Fenster ist es, für Licht und Luftbewegung im Innern eines Gebäudes zu sorgen. Ihre verschiedenen Aufgaben können auch im Widerstreit zueinander stehen. So lassen zum Beispiel Fenster, die für Licht und Luft sorgen, gleichzeitig auch Hitze und Lärm nach innen dringen. Die Art des Lichtes in einem Raum – direkt oder diffus, sanft oder grell – hängt auch von der Größe und Verteilung der Öffnungen ab. In den Tropen sind Blendung und Spiegelung häufig sehr störend, die Öffnungen müssen deshalb mit Blenden versehen werden, um das Licht der Sonne und die Lichtkontraste zu reduzieren.

In einem traditionellen malaiischen Haus reichen die Fenster häufig bis zum Boden und sind voll operabel. Sie bestehen aus drei Teilen, der oberste ist gewöhnlich fest. Viele verfügen über verstellbare Lamellen, die selbst bei geschlossenem Fenster für Luftbewegung sorgen. In Thailand und Myanmar (Burma)

In einem traditionellen malaiischen Wohnhaus reichen die Fenster gewöhnlich bis zum Boden und bestehen aus drei Teilen, manche sind mit verstellbaren Holzlamellen versehen.

Fenster eines Chalets in Pelangi, Malaysia im alten Stil.

Anordnung der Fenster in einem typisch malaiischen Haus.

sowie bei den Acehnesen und Bugis in Indonesien reichen die Fenster der Wohnhäuser ebenfalls bis zum Boden. Die wohldurchdachten Öffnungen sorgen für Intimität, Geborgenheit, Komfort und sind auch vom ästhetischen Standpunkt aus eine glückliche Lösung.

Die Entwicklung neuer Konstruktionstechniken und der Wandel ästhetischer Prinzipien im 20. Jahrhundert haben die traditionellen Vorstellungen und Konzeptionen von Fenstern und Türen grundlegend verändert, ohne jedoch die Bedeutung von Öffnungen in Frage zu stellen. Öffnungen können heutzutage endlos abgewandelt werden, was Material und Farbe betrifft. Der Baustoff Glas wird inzwischen in der ganzen Region verwandt. Neuere Entwicklungen, wie z.B. Schiebewände aus Glas, bieten ganz neue Möglichkeiten. Sie schützen die Räume vor den Elementen, ohne die Sicht zu behindern. Das Bedürfnis, mit der Natur in Verbindung zu stehen, kann durch Glastüren einfach befriedigt werden. Die moderne Technologie läßt dem Architekten die Wahl. Die Aufgabe, für zeitgenössische Architektur in Südostasien geeignete Öffnungen zu konzipieren, ist eine echte Herausforderung. Aber selbst wenn es inzwischen sehr viel mehr Möglichkeiten gibt, an dem Verhältnis zwischen Wänden, Türen und Fenstern hat sich nichts geändert, und die Architekten werden weiterhin nach einer ausdrucksstarken Formensprache suchen müssen.

Reuter-Haus. Moderne Version eines britischen Bungalows aus der Kolonialzeit.

In diesem Haus in der Cluny Road, Singapur, erlauben die großen Glasflächen und eine Drehtür einen wundervollen Ausblick auf den Garten.

Das vorstehende Giebeldach eines Pavillons in Amanpuri schützt Türen und Fenster vor heftigen tropischen Regenfällen.

Schiebetür einer Villa in Amanpuri.

Die Wand des Wohnbereichs ist in ihrer gesamten Länge verglast.

Traditionelle thailändische Türen und Öffnungen gehören zu den am sorgfältigsten bearbeiteten Architekturelementen dieser Region.

Leicht nach oben sich verjüngende Wände und Fenster sind charakteristisch für die thailändische Bauweise.

Vergoldete Fenster in einer traditionellen thailändischen Konstruktion in Bangkok.

Fenster im Jim-Thompson-Haus, Bangkok.

Dieses traditionelle thailändische Haus, das Hc Kham aus der Ratanakosin-Ära steht auf hohen Pfählen. Auffallend sind vor allem seine kunstvoll geschnitzten Fenster.

Das Wohnzimmer des Thompson-Hauses, Bangkok. Farbenfrohe Seidenstoffe und thailändische Antiquitäten vor dem dunklen Teakholz der Wände.

Interieurs und Details

»Ein Entwurf entwickelt sich von innen nach außen. Ein Gebäude ist wie eine Seifenblase. Die Blase ist rund und harmonisch, wenn der Atem gleichmäßig ausgestoßen und von innen reguliert wird. Das Äußere resultiert aus dem Innern.«

- Le Corbusier

Das Äußere eines Gebäudes resultiert aus dem Zusammenspiel verschiedener Faktoren und Einflüsse. Gelegentlich projiziert es auch ein bestimmtes Image, das der Bauherr vermitteln will. Was aber Geschmack, Selbstwahrnehmung und Stil des Bauherrn betrifft, so ist, vor allem bei Wohnhäusern, das Innere des Hauses – die Wahl der Dekoration und der Schmuckelemente – sehr viel aussagekräftiger. Der Architekturhistoriker Norberg-Schulz schreibt: » ... es bietet ihm einen Zufluchtsort, an dem er sich zuhause fühlt und zu sich selbst findet, und es dient als Ausgangspunkt für seine Unternehmungen draußen.« Er fügt hinzu: »Das Innere eines Hauses unterscheidet sich von dem der anderen Häuser. Ein Haus wird von einer kleinen Gruppe von Leuten in Anspruch genommen, und sein Charakter ist persönlich und privat. Es ist das Ergebnis einer Wahl, die einmal getroffen wurde.«

Die abgebildeten Interieurs weisen einige Gemeinsamkeiten auf. Immer drücken sie durch eine durchdachte Raumgestaltung und die klare Konzeption von Details einen bestimmten Lebensstil aus. Es sind Räume, in denen es sich leben läßt, weil sie stimmig sind und mit der Architektur des Gebäudes zusammenpassen. Sie sind alle einem schlichten, unprätentiösen Design verpflichtet, das kompetent und einfühlsam einheimische Materialien und dekorative Motive zur Geltung bringt. Gewöhnlich werden Inneres und Äußeres von demselben Architekten gestaltet, der so sichergeht, daß auch in den Details das architektonische Gestaltungsprinzip ausgedrückt wird. Für Innenarchitekten, die nicht von Anfang an mit dabei waren, ist es schwierig, die Philosophie und Intentionen des Erbauers nachzuempfinden. Den Einrichtungen fehlt es dann auch meistens an Tiefe und Überzeugung, denn im Grunde haben sie mit der Architektur nichts zu tun.

Was den Bau von Hotelanlagen betrifft, so versuchen die Architekten auf diesem Gebiet, den widersprüchlichen Bedürfnissen nach

Das Thompson-Haus birgt zahlreiche Sammlungsstücke asiatischer Kunst.

Sitzender Buddha aus Sandstein im Lopburi-Khmer-Stil, 13. Jh. Der allgegenwärtige Buddha verleiht der buddhistischen Glaubenslehre ein menschliches Gesicht.

Sammlerstücke im Salon des Thompson-Hauses.

Schlafzimmer einer Villa in Amanpuri.

Luxus und Einfachheit, Raffinement und Lässigkeit gerecht zu werden. Ihre Lösungen sind meistens historisch inspiriert, machen aber auch von der modernen Technologie Gebrauch, um den Anforderungen der Gäste zu genügen. Auf diese Weise entstehen Räume, die die Sinnlichkeit der Architektur widerspiegeln. Die Palette traditioneller Materialien wird mit viel Sorgfalt ausgewählt und geschickt genutzt. Immer neue Perspektiven halten das Interesse wach. Südostasiatische Kunst ist ebenfalls vertreten. Die Mischung aus traditionellen und modernen Möbeln sowie das reichhaltige Sortiment an Materialien machen aus den Räumen Stätten der Ruhe und Entspannung.

Der spezifische Charakter eines Gebäudes hängt zum großen Teil von den Details ab, denn Details fesseln die Aufmerksamkeit. Das Ganze wird durch seine Teile erfahren – eine alte Erkenntnis: Die Philosophie der Baukunst in Südostasien betrachtete die Beziehung zwischen Teil und Ganzem schon immer als ausschlaggebend für die Schönheit eines Gebäudes.

Sorgfältig gearbeitete Details können einen Bau optisch interessanter gestalten, die Architektur ansprechender machen und dem modernen Experiment wieder Lebensfreude einhauchen. Details machen auch das Leben der Bewohner angenehmer, indem sie funktionale Probleme lösen und den Innenraum nahtlos mit dem Außenraum verbinden.

Die ausgewogenen Proportionen der alten Artefakte machen häufig den Reiz einer Umgebung aus. Es gibt ein unerschöpfliches Reservoir an traditionellen baulichen Lösungen, die in einen modernen Kontext integriert werden können. Viele Architekten greifen inzwischen auch auf Überliefertes zu-

Die spartanische Möblierung steht für schlichte Eleganz.

Die für Kissen und Überdecken verwandten Baumwollstoffe werden in Bangkok gewoben; eine geschnitzte »chofa« flankiert das Doppelbett.

Traditionelle thailändische Artefakte dienen als dekorative Raumelemente.

Links und oben: Wohnbereich einer Villa in Amanpuri. Diskrete, aber sorgfältig abgestimmte Beleuchtung an jeder Säule verstärkt den Eindruck kontemplativer Ruhe. Umseitig: Die Materialien der Ton in Ton gehaltenen Bibliothek von Amanpuri sind einheimischer Herkunft. Die Furniere der Säulen, die Paneelen und Leisten sind aus Hartholz.

VE YOUR
SURFING

Das Sukhothai-Hotel in Bangkok ist eine Mischung aus rustikaler Schlichtheit und heiterer Gelassenheit.

rück, wo es um praktische Lösungen geht, wenn es Kriterien wie Qualität, Funktionalität und gutes Design erfüllt werden. Die sorgfältig ausgeführten Details gehen mit modernen Baumethoden zusammen, wobei das Ganze von einem übergeordneten Prinzip bestimmt wird. Daß viele dieser wundervollen Details ein solcher Erfolg sind, ist den Designern zu verdanken, die alles Unnötige eliminierten. Der Holländer Aldo van Eyck definiert ein gelungenes Bauwerk als »eines, das hat, was es haben sollte, und nicht hat ,was es nicht haben sollte.«

Kunstgegenstände und Antiquitäten vervollständigen die Ausgestaltung der Räume. Die Skulpturen Südostasiens haben inzwischen auch die verdiente, weltweite Anerkennung erlangt; nach dem Urteil vieler Kunsthistoriker sind sie den ägyptischen oder griechischen durchaus ebenbürtig.

Der allgegenwärtige Buddha in Thailand, Burma und Kambodscha verleiht den Räumen ein meditatives Flair. Diese Statuen, die ihn sitzend, stehend, zurückgelehnt oder gehend zeigen, sind entweder aus Stein gehauen oder in Bronze gegossen, und ihre Maße reichen von ein paar Zentimetern bis zu mehreren Metern. Die Hände führen eine bestimmte Bewegung aus (»mudras«), die auf eine Begebenheit in Buddhas Leben anspielt. Es handelt sich jedoch immer um ikonographische Formen religiösen Inhalts. Wie die meisten ostasiatischen Kunstwerke lassen sich die Statuen ästhetisch nicht allein nach ihrer äußeren Form beurteilen.

Skulpturen aus so widerstandsfähigen Harthölzern wie *chengal* oder *kempas* werden häufig auch als Architekturelemente verwandt. Die Motive der traditionellen malaiischen Holzschnitzkunst, die man auf Dachvorsprüngen, Windbrettern, Architraven, Geländern und Wandpaneelen findet, entstammen ethnischen Traditionen wie denen der Minangkabaus, Bugis, Javanesen und Achehnesen.

Details eines Wandornaments im Beaufort, Singapur.

Interieur einer Villa des Beaufort.

Möbel und Stoffe der Suiten in der Anlage von Amandari wurden sehr zurückhaltend von Neville Marsh gestaltet.

Südostasien ist ein wahres Paradies für alle Arten von Kunsthandwerk, die immer in einem engen Zusammenhang mit den religiösen und häuslichen Bedürfnissen der Menschen stehen. Handgearbeitete Gegenstände von unvergleichlicher Anmut werden in einer erstaunlichen Vielfalt von Materialien und Farben hergestellt. Es sind faszinierende Beispiele für ästhetisches Empfinden und praktische Erfindungsgabe.

Die meisten dieser mit viel Sorgfalt gefertigten Artefakte werden in Kleinbetrieben hergestellt und erfordern handwerkliche Fähigkeiten, die von Generation zu Generation weitergegeben werden. Bestimmte Motive wurden von der traditionellen Handwerkskunst Indiens und Chinas übernommen. Der Kunsthistoriker Philip Rawson schreibt: »Die Meisterwerke dieser Kunst sind eine Mischung aus sinnlicher Liebenswürdigkeit und überschwänglicher Pracht, wobei intellektuelle Strenge mit einer gebändigten Phantasie einhergeht. Die Liebenswürdigkeit kann manchmal süßlich und die Strenge kraß wirken, aber jede Kunstform hat ihre eigene Tugend. Jede vermittelt Erfahrungen, die unseren geistigen Horizont erweitern.«

Die Nachfrage nach diesen exquisiten Produkten – nach Keramik, Rattanwaren, alten Schnitzereien, Stammesschmuck, Stoffen, Bildern und reichverzierten Silberwaren – ist groß. Die Möbel aus dieser Region sind gewöhnlich aus Rattan und Korb geflochten. Indonesien ist einer der Hauptproduzenten von Rattan und daraus gefertigten Möbeln. Früher wurde Rattan nicht zu diesem Zweck verwandt, aber dank der internationalen Nachfrage hat diese Industrie einen enormen Aufschwung genommen

Andere Gegenstände wie Teppiche, Stoffe, Seide, *ikat*-Textilien und Batiken sind begehrt wegen ihrer wundervollen Beschaffenheit und Haltbarkeit, vor allem aber wegen ihren phantasievollen Mustern, der feinen Stickereien und dem Reichtum an stilisierten Motiven. Die schimmernden Farben und Muster der *ikat*-Textilien aus Zentral-Sulawesi stehen für Reichtum und Macht und werden

Die Räume der Pavillons von Amandari sind mit traditionellen, sorgfältig bearbeiteten Materialien ausgestattet.

Das Bad der Villa Bebek in verschiedenen Rottönen.

Kräftige Farben beleben die Räume der Villa Bebek.

bei religiösen Zeremonien verwandt. Ursprünglich als Leichentücher benutzt, wird diese Art der Textilien inzwischen als Kunstwerk verkauft. Es gibt mehr als 3000 verschiedene Batikmuster, die häufig uralt sind. Diese Tradition, die vor etwa 200 Jahren ihren Höhepunkt erreichte, ist ein weiterer Beweis für die Phantasie und die herausragenden Handwerkskünste südostasiatischer Völker.

Der ästhetische Reiz dieser Gegenstände macht aus den Räumen, in denen sie sich befinden, Oasen des Wohlbefindens. Aber die Überlebenschancen des Handwerks sind in der Schwebe. Glücklicherweise erleben die Traditionen und handwerklichen Fertigkeiten im Augenblick eine Renaissance. Politiker und Avantgarde-Designer fördern das noch vorhandene Kunsthandwerk so gut es geht. Die Kulturen Südostasiens verfügen über enorm viel Können und religiösen Geist, deshalb ist nur zu hoffen, daß dieses reiche kulturelle Erbe auch in Zukunft die Anerkennung findet, die es verdient.

Raumausgestaltung und Kunstgegenstände können sich zu einem harmonischen Ganzen verbinden und unsere Wahrnehmung intensivieren. Für das Leben in den Tropen ist die phantasievolle Nutzung von Innen- und Außenräumen charakteristisch, die Sinne werden gefordert, und das Band zwischen Architektur und menschlicher Erfahrung wird neu geknüpft.

Durchgangsraum der Villa Bebek.

Das große Schlafzimmer im Haus A, Bali, ist reich verziert mit traditionellen Elementen.

Einzementierte, muschelförmige Badewanne aus rotem Zement.

Bambusmöbel und handgeflochtene Gegenstände in einer Oase des Wohlbefindens.

Südostasiatische Artefakte von zeitloser Schönheit.

Das voluminöse, von Ernesto Bedmar entworfene Dach dieses Hauses in der Belmont Road verleiht dem Wohnbereich dramatische Effekte.

Sinn für das Wesentliche beweist dieses Interieur.

Ein von Suwan Kongkhunthian entworfenes Bangkoker Wohnzimmer; von ihm stammen auch die mit dem Terrakotta-Boden harmonierenden Wasserhyazinthen-Sofas.

Hallenschwimmbad mit einem kunstvollen Mosaik, das Sonne, Mond und Wellen darstellt.
Rechts: Mit Holzlamellen versehenes Fenster eines Arbeitsraums, der auf einen Lichthof hinausgeht.

Bin-Tong-Park-Haus, Singapur. Der Außenraum ist als Empfangsbereich konzipiert. Bambusmöbel ergänzen die übrigen rustikalen Materialien – die Holzbalken, die sichtbaren Dachsparren und die Terrakotta-Fußböden.

Blick auf die Galerie. Am äußersten Ende des doppelgeschossigen Raumes befindet sich eine Bar.
Rechts: Einfache klare Linien dominieren bei diesem Interieur. Das Eßzimmer ist auch optisch mit der Galerie und dem Wohnzimmer verbunden.

Heintji Moo's Residence, Singapur. Der Designer Juan bevorzugte natürliche Materialien wie Terrakotta-Fliesen, Teak- und Nyatoh-Holz für dieses weitläufige Interieur.
Rechts: Minimalistische Strenge herrscht in diesem Raum. Ein gemütlicher Winkel entstand, als eine Ecke in eine Öffnung umgewandelt wurde.

Für seinen Bungalow im Kolonialstil hat sich der Besitzer für einen »rustikalen, regionalen Stil« entschieden. Die warmen Braun- und Weißtöne des Interieurs bringen die asiatischen Kunstgegenstände erst richtig zur Geltung.

Interieur eines ebenfalls im Kolonialstil erbauten Bungalows in Alexandra Park, Singapur. In dem 1936 entstandenen Domizil herrscht ein spielerischer Eklektizismus. Eine außergewöhnliche Sammlung von Kunstgegenständen verleiht dem Raum eine erlesene und gleichzeitig dramatische Note.

Dekorative Gegenstände wie diese indonesischen Artefakte spielen eine entscheidende Rolle bei der Gestaltung eines Raumes.

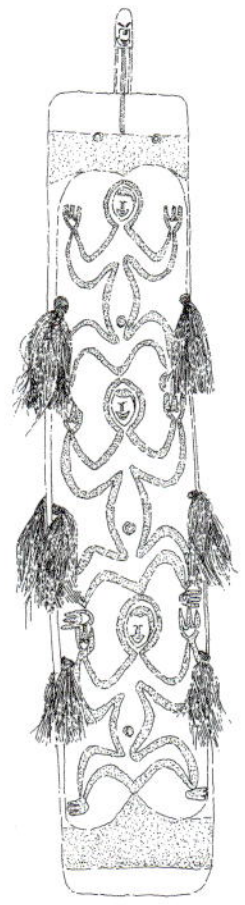

De Lange Residence, Singapur. Artefakte aus Südostasien lassen dieses Wohnzimmer lebendig wirken.

Regionales (wieder)entdecken: Authentizität (wieder)finden

Wie im Vorwort bereits erwähnt, geht es in diesem Buch um die neue Sinnlichkeit einer traditionsbewußten Architektur in Südostasien. Sie wird vorgestellt und illustriert durch einen Foto-Essay, der sich mit den charakteristischen architektonischen Phänomen dieser Gegend beschäftigen. Architekturfotografie sollte nicht nur ein Gebäude dokumentieren, sondern auch die Intentionen des Architekten enthüllen und dem Betrachter verschiedene Blickwinkel bieten, unter denen er sich dem Gebäude nähern kann. Nach der angeblich dokumentarischen Natur ihres Werkes befragt, antwortete die Fotografin Berenice Abbot: »Es gibt nichts, was zu objektiv wäre. Goethe sagte, ›Nur wenige haben genügend Phantasie für die Wirklichkeit.‹«[1]

Die Formulierung »Phantasie für die Wirklichkeit« wirft Fragen auf, die in diesem Kontext sehr interessant sind. Die in dem Buch abgebildeten Bauten sind ohne Ausnahme als gelungen zu bezeichnen. Aber inwieweit haben sie zur Entwicklung von lebensfähigen Formen einheimischer Kultur beigetragen? Sind sie nicht einfach nur pittoreske Inszenierungen – von einheimischen Handwerkern realisierte westliche Konzeptionen, die eine kulturelle Identität vermitteln wollen und sich als das Ursprüngliche ausgeben?

Architekten kommen scharenweise nach Bali – nicht um die majestätischen Tempelanlangen oder die traditionellen Dorfsiedlungen zu besichtigen, sondern um die neuen, »authentisch« im alten Stil erbauten Hotelanlagen für eine Elite zu bewundern. Überall stößt man auf das »Authentische« als ein Bedeutung vermittelndes Moment. Diese Anlagen wie auch die meisten privaten Wohnhäuser wurden jedoch zum größten Teil von ausländischen Architekten entworfen, die auf der Suche nach Authentizität waren. Der viel strapazierte (überstrapazierte) Begriff der Authentizität ist für die Architekten in den Ländern der Dritten Welt schon seit längerem eine Art Zauberformel, vor allem angesichts des Fehlschlags modernistischer Konzeptionen. Es ist jedoch eine Tatsache, daß die Vergangenheit nicht nach Belieben abgerufen werden kann. Auch die zeitgenössischen Hotelbauten bedienen sich moderner, weltweit angewandter Technologien. All das zwingt uns, einen genaueren Begriff von Authentizität für diese Arbeiten zu (er)finden.

Moderne Technologie (keinesfalls jedoch die utopische Ideologie des Modernismus) wird in anderer Form verwandt, während einheimische Grundmuster und traditionelle Ikonographie selektiv übernommen werden, um diese »authentische« Architektur zu realisieren. Der Forderung nach Authentizität wird gewöhnlich durch die Abgrenzung von zwei anderen Bauformen Nachdruck verliehen: den schonungslos modernistischen Hochhäusern und dem »falschen« Regionalismus, der ganz offensichtlich noch dem Modernismus verhaftet ist, dabei aber traditionelle Motive ziemlich wahllos als Dekoration verwendet, ohne sich um den Kontext zu kümmern. Fertige Symbole werden völlig unabhängig von den Bauelementen einfach aufgesetzt.

Die Bewunderung für eine einheimische Architektur läßt uns eine Formensprache entwickeln, die authentisch sein wird, da sie die geschichtliche Kontinuität vor Augen hat. Wie Karsten Harries sagte: »...Bauten, die die Bezeichnung von Bauwerken verdienen, repräsentieren in der Tat andere Bauten, denen die Tradition eine besondere Aura verliehen hat, vielleicht weil sie mit ursprünglicherem und möglicherweise authentischerem Wohnen assoziiert werden. Bauwerke, die solche Bauten darstellen, stellen gleichzeitig sich selbst dar und leiten von der Aura der dargestellten Bauten ihre eigene Bedeutung ab.«[2]

Die meisten dieser verborgenen Enklaven – Symbole des Überflusses – wurden für eine kleine

Oberschicht entworfen. Sie bieten denjenigen, die es sich leisten können, Luxus und Komfort, Niveau und eine Qualität, die andere, weniger teure Hotels nicht aufweisen. Die Materialien werden so ausgesucht, daß sie optisch reizvoll sind, und die Räume so gestaltet, daß man sich gerne darin aufhält. Diese wundervollen Hotelanlagen ebenso wie die Häuser für die Reichen sind als Ausdruck eines einzigartigen Lebensstils schon immer Beispiele für einen bestimmten »Filter-Effekt« gewesen. Viele einheimischen Wohnbauten, die im Anschluß daran entstanden, ließen sich von ihnen inspirieren.

Wenn diese Bauten mit einem bestimmten Stil assoziiert werden, können sie auch eine klassenunabhängige Architektur suggerieren. Als »authentisch« angepriesen, werden diese für den Konsum bestimmten Stilarten für das »Echte« gehalten und erlangen damit auch ihre Daseinsberechtigung. In seinem Roman 1984 schreibt George Orwell: »Wer die Vergangenheit kontrolliert, kontrolliert die Zukunft. Wer die Gegenwart kontrolliert, kontrolliert die Vergangenheit.«

In einem äußerst scharfsinnigen Essay bemerkte Hassan-Uddin Khan: »Beim Bauen dieselben Stoffe, Farben, Formen verwenden ... aber alles nur raffinierter, glatter, glänzender ... heißt, geschichtliches Wissen so zu absorbieren, daß es einer Reinkarnation gleichkommt.«[3] Daran anschließend analysiert er das Verhältnis zwischen architektonischer Formensprache und dem »Echten – dem in einem Jahrhundert Gewachsenen. Oder ist das das Echte?«

Diese Bauten stellen zweifellos eine Verbesserung gegenüber der einheimischen Bauweise dar, zumindest dem Augenschein nach. Auch in Umberto Ecos Beschreibung des Palace of Living Arts in Los Angeles klingt dieses Thema an. Die ihm zugrunde liegende Philosophie ist nicht: »Wir zeigen Ihnen eine Reproduktion, damit Sie Lust auf das Original bekommen«, sondern vielmehr: »Wir zeigen Ihnen eine Reproduktion, damit Sie das Original gar nicht mehr sehen wollen.«[4] Die Reproduktion beeinflußt die Art und Weise, wie das Original wahrgenommen wird, häufig so sehr, daß sie das Original sogar ersetzt, d. h. selbst »das Echte« werden kann.

Fällt eine solche Darstellung der Oberfläche nicht unter die Rubrik Historizismus? Zwischen Form, Inhalt und Herstellung besteht keine Verbindung mehr. Die Architekten, die, ohne sich zu besinnen, eine neue Ästhetik für die Korporationen entwickeln, haben Form und Inhalt voneinander getrennt. Der Inhalt wurde »transformiert« und »transponiert«. Tafuri definiert das erstere als »Übernahme eines Themas aus einem ganz anderen Zusammenhang« und das letztere als »eine symbolische Befrachtung in einem nicht symbolhaften Kontext.«[5] Auch wenn durch die Verwendung bereits existierender Elemente ein neuer Inhalt geschaffen werden soll, so wird deswegen die Verbindung zwischen Form und Herstellung nicht wieder geschaffen. Perez Gomez bemerkte, daß »Architekten oft die absurde Vorstellung haben, daß Inhalt und Symbole dem Kopf entspringen, daß es sich dabei um Dinge handelt, die man produzieren kann, und daß sie (die Architekten) sich irgendwie auf Zahlen verlassen können.«[6]

Eine Architektur, die Identität auf Bestellung liefert, wird von Kenneth Frampton »kommunikatives Zeichen« genannt. Ihr Ziel ist nicht »die kritische Wahrnehmung, sondern eher die Sublimierung des Wunsches nach direkter Erfahrung durch Vermittlung von Information. Ihr taktisches Ziel ist, so ökonomisch wie nur möglich ein bereits festgelegtes Niveau der Bedürfnisbefriedigung im behaviouristischen Sinn zu erreichen.«[7] Von Authentizität kann dabei nicht die Rede sein. Diese Art von Historizismus läßt sich vermeiden, wenn der Entwurf nicht auf übernommene Symbole, sondern auf eine lebendige Vergangenheit zurückgreift. Die Entwicklung ähnlicher Formen oder hybrider Versionen kann den durchaus funktionalen Begriff der Tradition nur zum Stagnieren bringen.

Die zeitgenössische Architektur in Südostasien kann sich nur dann in eine sinnvolle Richtung entwickeln, wenn das Verständnis für die einheimischen Bautraditionen vertieft und wenn diese unter dem Aspekt ständig neuer Möglichkeiten immer wieder geprüft werden. Es gibt keine Anwort auf Paul Ricoeur, der feststellte: »Darin liegt das Paradox: wie modern sein und zu den Ursprüngen zurückkehren, wie eine alte, schlafende Kultur zum Leben erwecken und Teil einer weltweiten Zivilisation sein?«

Anmerkungen

1 Avis Berman, »The Unflinching Eye of Berenice Abbot«, ART news, Januar 1981, S. 87–88.

2 Karsten Harries, »Representation and Re-Presentation in Architecture«, VIA, Nr. 9, The Graduate School of Fine Arts, University of Pennsylvania, 1988, S. 18.

3 Hassan-Uddin Khan, »Houses: A Synthesis of Tradition and Modernity«, MIMAR: Architecture in Development, Nr. 39, Juni 1991, Concept Media Pte Ltd., S. 28.

4 Umberto Eco, Travels in Hyper-Reality, Picador, 1987, S. 3–58.

5 Manfredo Tafuri, Theories and History of Architecture, Harper & Row, New York, 1976, S. 110.

6 Alberto Perez-Gomez, Architecture and the Crisis of Modern Science, The MIT Press, Cambridge, MA, 1983, S. 12.

7 Kenneth Frampton, »Towards a Critical Regionalism« in Hal Foster, ed., The Anti-Aesthetic: Essays on Postmodern Culture, Bay Press, Port Townsend, Washington, 1983, S. 126.

Bachelard, Gaston
The Poetics of Space
Beacon Press, Boston, 1963

Bardi, P.M.
The Tropical Gardens of Burle Marx
The Architectural Press, London, 1964

Bussagli, Mario
Oriental Architecture
Rizzoli International Publications, New York, 1989

Chandler, David P., und Steinberg, David Joel
In Search of Southeast Asia – A Modern History
University of Hawaii Press, 1987

Covarrubias, Miguel
Island of Bali
Oxford University Press, Singapur, 1987 (1937)

Dumarcay, Jacques
The House in Southeast Asia
Oxford University Press, Singapur, 1987

Fairservis, Walter A.
Asia – Traditions and Treasures
Harry N. Abrams, Inc., New York, 1981

Fry, Maxwell und Drew, Jane
Tropical Architecture in the Dry and Humid Zones
Robert E. Kriegar Publishing Co., Florida, 1982

Hall, Daniel G.
A History of Southeast Asia
Macmillan Education Ltd., London, 1985

Jumsai, Sumet
Naga – Cultural Origins in Siam and the West Pacific
Oxford University Press, New York, 1988

McPhee, Colin
A House in Bali
Oxford University Press, Singapur, 1986

Moholy-Nagy, Sibyl
Native Genius in Anonymous Architecture
Horizon Press, New York, 1957

Moore, Charles W., Mitchell, William J., Turnbull, William
The Poetics of Gardens
The MIT Press, Massachusetts, 1988

Osborne, Milton E.
Southeast Asia – An Introductory History
George Allen and Unwin Austria Pte Ltd., 1979

Pickell, David (ed.)
Bali, Islands of the Gods
Periplus Editions, Berkeley, 1990

Powell, Robert
Innovative Architecture of Singapore
Select Books, Singapur, 1989
The Asian House
Select Books, Singapur, 1992

Ramseyer, Urs
The Art and Culture of Bali
Oxford University Press, Oxford, 1977

Rawson Philip
The Art of Southeast Asia
Thames and Hudson, London, 1967

Ricoeur, Paul
»Universal Civilisation and National Cultures«
in *History and Truth*
Northwestern University Press, Evanston, 1965

Savage, Victor R.
Western Impressions of Nature and Landscape in Southeast Asia
Singapore University Press, Singapur, 1984

Tan, Hock Beng
»Mystical Amandari« in *IQ-Interiors Quarterly,* Sept–Nov. 1990, S. 41–46.
»Coconut Paradise« in *IQ-Interiors Quarterly,* Sept–Nov. 1990, S. 52–54.
»Precima House« in *IQ-Interiors* Quarterly, Sept–Nov. 1990, S. 56–60.
»Eu House« in *IQ-Interiors Quarterly,* Sept–Nov. 1990, S. 62–64.
Shusse Publishing (SEA) Pte Ltd., Singapur, 1990

Taylor, Brian B. (ed.)
Mimar Houses
Concept Media, Singapur 1987

Warren, William
Thai Style
Times Editions, Singapur, 1988
The Tropical Garden
Thames and Hudson, London, 1991

Waterson, Roxana
The Living House: An Anthropology of Architecture in Southeast Asia
Oxford University Press, Singapur, 1990

White, Stephen
John Thompson: A Window to the Orient
Thames and Hudson, New York, 1986

Yeang, Ken
Tropical Urban Regionalism – Building in a South-East Asian City
Concept Media, Singapur, 1987

Bildnachweis

Bildsymbolik

S. 20 Toraja-Dächer
Kong Shee Chnong

S. 21 Borobudur
Kong Shee Chong

S. 22 Balinesische »meru«
Courtesy Services Club Med (S) Pte Ltd.

S. 34–39 Amanusa-Anlage
Ko Hui Huy

S. 41 Steinerne Gartenskulpturen der Tadjung-Sari-Anlage
Ko Hui Huy

S. 42–43 Amandari-Anlage
Ko Hui Huy

S. 46 Tandjung Sari
Courtesy Tandjung Sari

S. 49 Tandjung-Sari-Pavillon
Courtesy Tandjung Sari
Tandjung-Sari-Brunnen
Maria Hartati

Dächer

S. 56 Balinesischer Reisspeicher
Ko Hui Huy

S. 57 Die Four-Seasons-Anlage
Ko Hui Huy

S. 67 Vergoldete Aufsätze eines traditionellen thailändischen Daches
Maria Hartati

S. 68 Dächer zweier Häuser in der Wilkinson Road, Singapur
Courtesy ID-Interior Digest, Singapur

S. 69 Tanjong-Jara-Standhotel, Dachkonstruktion
Low Boon Liang

S. 77 Treppe des Eu-Hauses, Malaysia
Courtesy CSL Associates, Malaysia

Landschaften und Gärten

S. 88 Steinskulpturendetails des Sheraton-Senggigi-Strandhotels
Rich Lasalle
Courtesy Bensley Design Group International, Bangkok

S. 92 Landschaftsgestaltung der Four-Seasons-Anlage
Ko Hui Huy

S. 96 Goa Gajah, Bali
Kong Shee Chong

Wasseranlagen

S. 106–107 Amankila-Anlage
Ko Hui Huy

S. 109 Amandari-Anlage
Ko Hui Huy

S. 113 Balinesische Steinskulpturen
Kong Shee Chong

S. 114–115 Sheraton-Senggigi-Strandhotel
Rich Lasalle
Courtesy Bensley Design Group International, Bangkok

S. 117 The Beaufort, Sentosa
Jörg Sundermann

S. 125 Sanphet-Prasat-Palast, Bangkok
Maria Hartati

Innenhöfe

S. 130 Russel Whitechurch-Villa, Bali
Maria Hartati

Zwischenbereiche

S. 149 Die Four-Season-Anlage
Ko Hui Huy

S. 156 Haus am Bin Tong Park, Singapur
Xiao Photo Workshop
Courtesy Bedmar & Shi Designers Pte Ltd, Singapur

S. 157 Haus am Bin Tong Park, Singapur
Xiao Photo Workshop
Courtesy Bedmar & Shi Designers Pte Ltd, Singapur

Öffnungen

S. 168 Eingang des Bali Imperial
Maria Hartati

S. 183 Le Ho Kham, Bangkok
Maria Hartati

Interieurs und Details

S. 187 Asiatische Kunstsammlung
Maria Hartati

S. 204–205 Haus in Bangkok
Peter Mealin
Courtesy IQ- Interiors Quarterly, Singapur

S. 206 Haus am Bin Tong Park
Xiao Photo Workshop
Courtesy Bedmar & Shi Designers Pte Ltd, Singapur

S. 207 Haus am Bin Tong Park
Xiao Photo Workshop
Courtesy Bedmar & Shi Designers Pte Ltd, Singapur

S. 208–209 Heintji-Moo-Residenz, Singapur
Peter Mealin
Courtesy ID –Interior Digest, Singapur

S. 210 Haus auf der Telok Blangah Road, Singapur
Courtesy ID – Interior Digest, Singapur

Danksagung

Das Projekt »Tropische Architektur und Interieurs« war ein zeitaufwendiges Abenteuer, mühselig und faszinierend zugleich. Ohne die bereitwillig gewährte Hilfe und die großzügige Unterstützung, die ich überall erfahren habe, wäre das Buch jedoch nie zustande gekommen.

Für ihre Mitarbeit möchte ich danken: Mark Tan, der den Keim zu diesem Projekt gelegt hat und mir durch alle schwierigen Phasen half; meiner Frau Maria, die mir immer wieder Mut machte, immer für mich da war und die unübertrefflichen Tuschezeichnungen für dieses Buch bereitstellte; und außerdem Henry Yap für die sorgfältige Bearbeitung des Manuskripts.

Die Gestaltung des Buches verdanke ich vor allem Molly Sung und Ko Hui Huy von Duet Design. Ihr Enthusiasmus, ihre Bereitschaft, sich auf neue Ideen einzulassen, und ihre großartigen Layout-Entwürfe sollen hier noch einmal besonders gewürdigt werden. Mein Dank geht auch an Vivien Wan und meine Schwester Hock Suan für das Abtippen des Manuskripts sowie an Chan Sui Him für seine tätige Unterstützung, an Jimmy C.S. Lim, Peter Muller, Trina Dingler Ebert, Jean-Noel Guilhem von den beiden Verlagen Shusse Publishing und Metropolitan Publishing. Peter Muller verdanke ich wertvolle Einsichten in die Zusammenhänge seines Werkes, dem poetischen und verführerischen Amandari.

Ich fühle mich noch vielen anderen zu Dank verpflichtet: Bill Bensley, Mathar Bunnag, Ernesto Bedmar, Kathy Landis, Sonny Chan, Juan Peck Foon, Kong Shee Chong, Leonard Lueras, Low Boon Liang, Robert Powell, Pisit Rojanavanich, Tan Teck Khiam, Agus Wawo-Runtu, Myra A. Wawo-Runtu, Wee Chwee Heng, Michael White, Timothy Evans, Hilary Peralta, Michael Oh, Sunshine Wong, Anthony Lark, Chris Teo, Planteblat Jeff, Mustapha El Kotni, David Good, Oliver Petit, Leslie Loh, Martial Turel, Pamelia Lee, Peggy Fong, Yap Guat Hoon, Thio Lay Hoon, Eddy Koh, Caroline De Lange, Wendy Todd Buchanan und dem verstorbenen Peter Keys. Sheila Cheong stand mir sowohl beim Abfassen des Textes wie auch bei der Endredaktion und der Auswertung der Photos mit Rat und Tat zur Seite.

Es ist mir ein besonderes Vergnügen, all den Designern, Architekten und Besitzern der abgebildeten Gebäude zu danken. Ihre Bauten lieferten ein großartiges Sujet.

Last but not least möchte ich mein Bedauern zum Audruck bringen, daß all die anderen faszinierenden Beispiele aus Platzmangel nicht in dieses Buch aufgenommen werden konnten.